ENCYCLOPÉDIE-RORET

DÉCORATEUR - ORNEMENTISTE,

GRAVEUR

ET

PEINTRE EN LETTRES.

AVIS.

Le mérite des ouvrages de l'*Encyclopédie-Roret* leur a valu les honneurs de la traduction, de l'imitation et de la contrefaçon. Pour distinguer ce volume, il portera, à l'avenir, la signature de l'Editeur.

MANUELS-RORET.

NOUVEAU MANUEL COMPLET

DU

DÉCORATEUR-ORNEMENTISTE

DU

GRAVEUR

ET

DU PEINTRE EN LETTRES.

Par M. J. P. SCHMIT,

Inspecteur des Monuments religieux ; auteur du Cours de dessin
d'ornement à l'usage des artistes et des ouvriers, adopté par
l'Ecole nationale spéciale gratuite de dessin ; du Manuel
de l'Architecte des Monuments religieux, etc.

PARIS,

A LA LIBRAIRIE ENCYCLOPÉDIQUE DE RORET,

RUE HAUTEFEUILLE, 10 BIS.

1848.

NOUVEAU MANUEL COMPLET

DU

DÉCORATEUR - ORNEMENTISTE,

COMPRENANT

L'ART DU PEINTRE, DU DESSINATEUR, DU SCULPTEUR, DU GRAVEUR EN LETTRES, ET DU DÉCORATEUR EN TOUS GENRES.

———◦◦◦◉◦◦◦———

Sous le titre d'*Ornementiste* (1), nous comprenons l'artiste spécial qui fait la *lettre* par un procédé quelconque, et nous croyons avoir raison, car la *lettre* bien faite est un ornement, soit qu'elle s'introduise dans une frise, dans un cartouche ; soit qu'elle occupe le champ d'un panneau, ou la surface d'une pierre monumentale ; soit qu'elle accompagne en titre ou en légende un dessin, un plan, une carte.

Ce petit Traité, où nous avons entrepris de faire

_____

(1) C'est à tort que dans les ateliers on dit ornemaniste, puisqu'on écrit *ornement*, et non pas *orneman ;* et que la fonction, le but do l'artiste qui cultive ce genre, est l'*ornementation*, et non l'*ornemanation*.

entrer, sous la forme la plus restreinte et la plus élémentaire, le plus grand nombre possible de choses générales et utiles aux artistes de tout ordre, que nous avons en vue d'aider dans leurs travaux, se divise donc en deux parties. La première traite de tout ce qu'il est important de savoir au dessinateur, ou au graveur en lettres ; la seconde embrasse ce qui a rapport à l'art du décorateur-ornementiste proprement dit.

PREMIÈRE PARTIE.

DE LA LETTRE.

INTRODUCTION.

L'écriture est aujourd'hui un des points les plus cultivés de l'instruction primaire. Il n'est pas une école plébéienne, aussi bien qu'aristocratique, qui ne puisse produire, parmi les devoirs de ses jeunes élèves, des pages capables de faire honneur à un professeur même. On apprend non-seulement mieux, mais beaucoup plus rapidement qu'autrefois. L'introduction de la cursive anglaise a produit cet effet. D'une exécution infiniment plus simple, et par conséquent plus facile que ces écritures anciennes connues sous les noms presque oubliés à présent, de *bâtarde*, de *coulée*, et de *ronde*, n'exigeant pas, comme elles, une étude particulière des propriétés du plein et du délié de la plume, de son maniement et de sa tenue, qui différaient selon la nature des caractères, il n'est pas surprenant que l'art ainsi simplifié produise des résultats plus généraux et surtout plus prompts. Mais le désir ou le besoin de faire vite, conduisent aussi à faire d'une manière incomplète. D'une part, les propriétés de ce genre d'écriture qui le rendent si convenable pour nos nécessités journalières, ont amené à négliger entièrement les autres genres, nonobstant les belles choses qu'ils ont produites. D'autre part, on a dû dédaigner d'apprendre lentement une chose dont le mérite dominant est la célérité. L'enseignement a dû dès-lors être fondé sur l'*imitation*, plus volontiers que sur la *démonstration*. Les principes, d'ailleurs, étant eux-mêmes encore assez vagues, il arrive ordinairement que l'élève le plus distingué n'en possède aucun. Tout chez lui réside dans l'heureuse disposition de sa main, ou dans la sûreté de son goût; il s'ensuit qu'il peut conserver de ses études premières, une écriture hardie, élégante, ou coquette, mais pas toujours lisible, malgré sa flatteuse apparence, et, dans presque tous les cas, incapable d'être soumise à une analyse élémentaire.

Cela peut suffire parfaitement pour l'usage ordinaire. On trouve même qu'il serait de mauvais goût d'écrire une lettre, un billet, une note avec une certaine précision calligraphique; ce sont presque toujours, et en tout, les inhabiles qui font la loi en matière de mode. Mais il est telles professions où cela ne suffit plus; où il est nécessaire que l'art d'écrire se montre dans toute sa précision et sa perfection, comme quand il s'agit de mettre à la main ou au burin la lettre sur une carte géographique ou topographique, la légende sur un plan; d'exécuter un titre sur l'une ou sur l'autre; de tailler, de ciseler ou de peindre un monogramme, une inscription sur un monument, sur un objet précieux, dans un décor, sur la devanture d'un magasin; de graver des caractères de typographie, etc. Le dessinateur, le graveur, le sculpteur, le ciseleur, le peintre, qui ont à exécuter de semblables objets, ont besoin de connaître, de posséder toutes les ressources et toutes les règles de l'art ; et c'est parce que la plupart d'entre eux pèchent de ce côté, que tant de choses imparfaites, et mêmes ridicules, offusquent nos regards, là même où ils devraient être le plus satisfaits.

On voit par ces observations, que nous prenons l'art de l'écriture dans sa plus grande étendue ; que nous ne nous bornons pas seulement à la partie calligraphique, mais que nous embrassons aussi ce qu'on appelle les *caractères d'imprimerie* et les *caractères lapidaires*, n'importe qui les exécute, et quels sont les procédés qui servent à leur exécution.

Mais pour nous arrêter un instant sur la calligraphie proprement dite, qu'on nous permette d'exprimer nos regrets sur l'abandon total des anciens caractères dont nous avons tout-à-l'heure rappelé les noms. Sans doute, ainsi que nous l'avons reconnu, la cursive anglaise offre pour celui qui a besoin de savoir, et surtout d'exécuter promptement, des avantages réunis de célérité et d'élégance qu'on ne trouve point dans les autres. Le commerce, la banque, l'administration, où les écritures et les opérations vont sans cesse se multipliant dans une progression dont nos pères n'eussent pu se faire une idée, ont fait de ce genre d'écriture un besoin spécial de l'époque. Mais comme tout le reste tend à s'accroître, à se multiplier dans une proportion égale, jamais aussi l'on n'a tant produit de cartes, de plans de toutes sortes, de titres d'ouvrages, de têtes de lettres ou de factures, de prospectus, de prix-courants, de cartes de visite. Ce n'est pas là que l'art calligraphique déploie le moins de prétentions ou de coquetterie : ceux-ci exécutés directement à la plume sur le papier, ceux-là imitant son travail par le moyen de la gravure ou de la lithographie. Comme il devient de plus en plus indispensable d'y déployer une élégance bien réglée, et en même temps une grande variété d'écritures pour faire ressortir les détails sur lesquels on veut attirer l'œil le plus distrait, de manière qu'il puisse en quelque sorte avoir lu avant d'avoir pris la peine de lire, nous pensons que c'est un service à rendre aux personnes chargées d'exécuter ces objets, que de remettre sous leurs yeux les modèles de ces écritures oubliées, et qui rendirent célèbres autrefois les Barbe-d'Or, les d'Hargé, les Bédigis, et à une époque encore assez rapprochée de nous, les Guillaume Montfort, les Rossignols, et beaucoup d'autres. Pourquoi oublier un vrai trésor qu'on a tout amassé sous la main, pour aller demander trop souvent à un caprice inintelligent des innovations baroques, que l'homme de goût repousse d'autant plus sévèrement qu'elles ne reposent sur aucun principe rationnel ou naturel susceptible de démonstration.

On a déjà compris cette nécessité en partie. De là vient qu'on recommence à enseigner la *ronde* dans les écoles. Nous ne voyons pas pourquoi la *bâtarde* et la *coulée* seraient traitées avec plus de dédain. La première, qui possède, moins la rigidité, toutes les qualités du caractère romain typographique, dont elle n'est qu'une imitation, c'est-à-dire la parfaite lisibilité, la sévérité des formes, et des proportions, propriété qui ne permet aucune confusion dans les lettres, aucun lazzi ou jeu de main, avait mérité l'honneur d'être élevée au rang de caractère officiel, et de servir presque exclusivement avec la ronde, pour exécuter les belles pièces diplomatiques, les brevets et les thèses sur parchemin des XVIIᵉ et XVIIIᵒ siècles. La seconde, gracieuse comme son nom, rangée et sobre comme sa sœur, mais plus expéditive, parce qu'elle ne demande pas que la plume quitte le papier, fut celle de presque tous les grands hommes de l'époque, dont plusieurs, Jean-Jacques Rousseau entre autres, ne se distinguèrent pas moins par la beauté de leur main que par celle de leur génie. On peut dire que nulle autre ne convient aussi bien au poète pour écrire ses vers.

En faisant ainsi l'éloge de ces deux écritures, en reproduisant quelques spécimens des anciens maîtres qui en développent les beautés et les principes, nous n'avons pas la prétention de lutter contre la mode, qui leur a préféré la cursive anglaise, par des motifs dont nous n'avons pas hésité à reconnaître l'importance. Nous voulons seulement rappeler des règles, et fournir des modèles aux personnes qui, par état ou par circonstance, sont obligées de posséder la pratique ou au moins la connaissance d'un grand nombre de styles d'écritures. Nous les donnons au même titre que les caractères des manuscrits des monuments du moyen-âge, qu'il ne viendra dans l'esprit de personne assurément de replacer au rang d'écriture usuelle, malgré la faveur qu'ils ont reprise depuis quelques années.

Les dessinateurs, graveurs, ciseleurs et peintres de lettres, trouveront dans notre atlas, avec de nombreux

spécimens de caractères calligraphiques ; typographiques et lapidaires ; l'exposé ou la démonstration des
principes les plus sûrs et en même temps les plus simples de décomposition analytique de ces caractères,
au moins des principaux. Cette démonstration donnera
aux moins expérimentés les moyens de se perfectionner
promptement dans leur art ou profession ; aidera les
autres à régulariser une trop grande facilité que n'a
pas toujours éclairée suffisamment une étude raisonnée.

Les œuvres de nos artistes, nous entendons celles
qui sont transportables , comme les livres ; les monographies ; les estampes ; les annonces illustrées ; les
partitions, les cartes géographiques, vont aujourd'hui
chercher dans toutes les parties du monde civilisé, les
suffrages des connaisseurs ; et de toutes les parties du
monde civilisé , une foule innombrable accourt sans
cesse, sur la foi de leurs promesses, visiter ce pays qui
se pose comme le centre de la civilisation actuelle. Les
arts et l'industrie gagnent également à la multiplicité
de ces relations internationales. Si la France a toujours
été renommée pour son goût , quelques variations
qu'il ait subies, elle doit tenir à conserver, et par conséquent à justifier son rang. Il n'est pas un art, il n'est
pas une industrie , si modeste que soit le degré qu'ils
occupent sur l'échelle générale, qui ne doivent se faire
un point d'honneur de concourir à ce résultat ; il n'est
pas un individu, non plus, qui ne puisse, qui ne doive
se dire : « Moi aussi, je suis un des rouages qui sert à
faire mouvoir cette grande machine de la prospérité
nationale ; je dois donc faire tous mes efforts pour
fonctionner du mieux qu'il m'est possible dans la

situation où je me trouve placé. La plus petite roue de ma montre venant à sortir du mouvement qui lui est propre, la moindre goupille s'échappant de son trou, suffit pour empêcher son mécanisme de marcher régulièrement, peut-être pour l'arrêter. La société n'est qu'une grande montre où pas un rouage, une goupille n'est indifférent ou superflu. »

Pour faire comprendre que nos observations n'ont rien d'exagéré, quelle que soit l'application qu'on en voudrait faire à l'objet spécial de ce recueil, citons quelques particularités prises au hasard entre mille.

N'est-il pas sensible que le plus beau plan topographique, la plus belle carte routière ou côtière, perdront la moitié de leur valeur, si une écriture, nous ne dirons pas mauvaise en elle-même, mais mal appropriée à sa place, mais hors du diapason du travail du graveur, dispute avec lui ou en écrase les détails? Tout n'y est plus que confusion et fatigue. Qui achètera de telles cartes, de tels plans? Plus grand sera le soin avec lequel ils auront été faits d'ailleurs, plus grand aussi sera le préjudice qu'ils porteront à la réputation de notre topographie.

Qui n'a remarqué combien la plus belle estampe gravée ou lithographiée, peut perdre de son charme sous le fâcheux effet d'une légende, dont l'écriture, par sa mauvaise exécution ou sa disposition maladroite, en détruit l'harmonie, comme ferait une maculature.

Qui croira au goût d'un marchand ou d'un fabricant d'articles de goût, soit modes, soit nouveautés, soit objets d'art, si ses annonces colportées, ou à demeure, commencent par annoncer qu'il manque absolument

de goût? Que pensera-t-on de l'ordre de sa maison,
si l'annonce, l'enseigne, le frontispice, n'est qu'une
espèce de désordre? Tel fabricant, tel commerçant
que nous pourrions citer n'a échoué longtemps dans
ses tentatives pour se procurer des correspondants à
l'étranger, que grâce aux préventions données contre
lui par la grossièreté d'exécution de ses annonces et factures qui le faisaient considérer comme un industriel du
rang le plus infime? L'annonce à demeure est l'enseigne. L'enseigne est pour un magasin ce qu'est le por-
tail pour un édifice. Il est rare que l'une ou l'autre
ne commence pas par jeter l'esprit dans une prédispo-
sition qui influe d'une manière notable sur l'action qui
va suivre. Une enseigne disgracieuse produit au-devant
d'un magasin le même effet qu'un seuil toujours crotté.
Les gens un peu propres craignent de se salir en en-
trant; et passent outre.

Le temps est loin de nous où les marchandises les
plus précieuses se vendaient dans des boutiques noi-
res; ouvertes à la pluie et au vent, comme le sont encore celles des piliers des halles. Depuis que le con-
fortable et l'élégance ont passé du boudoir et du salon
dans la boutique et le magasin, il ne faut pas que l'extérieur soit en désaccord avec l'intérieur.

La beauté des enseignes, que nous n'avons garde de
confondre avec le luxe, lorsqu'elle devient générale,
est d'un très-bon effet sur l'étranger qui ne fait que
passer. Il retourne dans sa patrie avec l'opinion fondée sur le fait que dans la capitale de la civilisation
le goût règne si bien, qu'on reconnaît son influence
de même, proportion gardée, sur la frise de l'auvent

du moindre commerçant, que sur l'extérieur pompeux d'un palais. Nous voudrions qu'il pût en dire autant de la correction du langage, et que les inscriptions de toutes sortes qui frappent les yeux de l'étranger en parcourant nos rues, au lieu d'être pleines de barbarismes et de solécismes, fussent pour lui une espèce de vocabulaire pratique qui le familiarisât insensiblement avec la connaissance et l'orthographe des mots les plus usuels de la langue française. Rien ne serait plus propre à la généraliser de plus en plus.

Nous nous rappelons à cette occasion qu'une commission permanente avait été créée sous l'empire pour la révision de l'épigraphie commerciale et monumentale de la bonne ville de Paris ; elle produisit quelques améliorations qui ne subsistèrent point. Il serait bien à désirer que l'édilité la rétablît au moins pour son propre compte, si elle croit au-dessus de son pouvoir d'assujétir les citoyens à ce contrôle.

DE L'ÉCRITURE EN GÉNÉRAL.

L'écriture est l'art d'exprimer la pensée par des signes de convention qu'on appelle lettres, avec lesquels, d'après des combinaisons également convenues, on forme des mots dont l'assemblage sert ensuite à composer des phrases. Cette définition cependant n'est exacte rigoureusement que pour les langues européennes, car il est d'autres espèces d'écriture qui procèdent différemment. Ainsi, l'écriture hiéroglyphique des anciens Égyptiens et l'écriture séméiotique des Chinois se composent de signes iconographiques ou de signes linéaires, dont une seule figure, ou un seul groupe, expriment une idée ou une phrase complète.

Les caractères dont nous nous servons en Europe, sembleraient offrir un système plus compliqué, puisque ce n'est que par des répétitions très-multipliées que nous atteignons le même résultat. Toutefois, ce système inventé par les Grecs, ou du moins transmis par eux aux Latins, et par ceux-ci à tous les peuples modernes, est infiniment plus simple, et offre en outre l'avantage infiniment précieux d'une clarté que n'auront jamais des symboles, ou des formules toutes faites qu'il faut assembler comme de la marqueterie. L'écriture hiéroglyphique est féconde en interprétations arbitraires ; la vie d'un mandarin ne lui suffit pas toujours pour apprendre correctement les 80 ou 100,000 groupes littéraux qui composent son vocabulaire. Tandis qu'un enfant européen, après quelques mois d'études, sait tout ce qui est nécessaire pour écrire tous les mots de sa langue.

Les lettres dont nous nous servons à cette fin, sont de trois sortes, ou caractères :

Les caractères *lapidaires ;*
Les caractères d'*impression ;*
Les caractères *cursifs.*

chaque sorte se subdivise

en *majuscules* ou *capitales ;*
en *minuscules.*

Cette division et cette subdivision sont propres à la langue grecque aussi bien qu'à la langue latine, dont le français, l'anglais, l'espagnol, l'italien, ne sont en majeure partie que des dérivés, et à la langue allemande qui a mieux conservé le souvenir de son origine.

Nous ne croyons pas utile d'entrer dans les définitions des termes que nous venons d'employer; chacun sait déjà, ou comprendra à la simple lecture leur signification.

Mais pour rendre nos descriptions analytiques intelligibles à tout le monde, nous avons cru devoir les faire précéder par une nomenclature des éléments généraux dont se composent les lettres. Nous l'empruntons à l'excellent ouvrage élémentaire de paléographie du savant M. H. de Wailly, publié par le ministère de l'Instruction publique.

La *haste* (hasta) est le membre vertical et plein que l'on voit *simple* dans I, E, F, P, et double dans H.

Le *montant* est chacun des membres inclinés de A et V.

La *panse* est le membre curviligne, ou arc de cercle, qui se montre *simple*, isolé ou uni à la *haste*, dans C, G ; D, P, R ; *double*, isolé ou uni à la *haste*, dans O, Q, S ; B.

Le *jambage* est chacun des membres verticaux de M, N, U.

La *traverse horizontale* est la ligne qui joint les deux autres membres de A, H ; la *traverse brisée*, celle qui unit ceux de M ; la *traverse oblique*, celle qui remplit le même office dans N, Z.

La *barre* est une ligne horizontale qui se montre trois fois dans E, deux fois dans F, Z, une fois dans L et dans T.

La *queue* se voit à Q et à R.

Le *crochet* termine les *panses* de C, G et S.

Les *branches* sont les obliques convergentes qui se rattachent au côté de la *haste*, dans K, et à son sommet dans Y.

La plupart de ces éléments principaux sont communs aux lettres minuscules et aux lettres cursives (1). Ils ne perdent point leurs noms dans le caractère italique, nonobstant son inclinaison qui fait pencher les *hastes*, et redresser un des *montants* de A et de V.

DES CARACTÈRES ROMAINS.

§ Ier. DES LETTRES CAPITALES.

Ces caractères ont gardé leur nom de la source qui nous les a transmis directement. Cependant, la moitié à peu près fut empruntée par les Romains eux-mêmes à l'alphabet grec. A, B, E, H, I, K, M, N, O, P, T, Z, n'offrent aucune différence entre les deux langues, du moins quant à la forme, car quelques-uns de ces signes ont entièrement changé de prononciation et d'usage en passant d'une langue dans l'autre. Nous leur avons conservé ceux qu'ils ont pris chez les Romains.

Les majuscules romaines, qu'on voit employées dans les belles éditions des Aldes, des Elzevirs et de l'ancienne Imprimerie royale, représentent assez exactement par leurs formes et leurs proportions l'*écriture capitale*, telle qu'on la retrouve encore dans certaines

(1) b, d, p, sont composés d'une *haste* et d'une *panse*; e offre une *panse* et une *traverse*; i, l, une *haste* isolée; m, n, des *jambages* surmontés d'une *panse*; t une *haste* et une *barre*, etc.

inscriptions du siècle d'Auguste, ou antérieures aux invasions des barbares. Plus tard, celle-ci s'altéra, tout en conservant néanmoins ses formes essentielles; on distingue dans le langage paléographique cette capitale de la précédente, par la dénomination de *capitale rustique*. Les graveurs ou les écrivains qui l'imitent sous le prétexte de reproduire l'antique, ne reproduisent donc qu'une altération. (Pl. II, alph. A et E, et Pl. V, alph. H et I.)

C'est dans les inscriptions lapidaires ou métalliques seules, c'est-à-dire sur les monuments et les médailles, qu'il faut chercher les plus beaux types de l'*écriture capitale*, généralement moins parfaite dans les manuscrits où domine volontiers la *capitale rustique*, qui sert pour les têtes de chapitre et les passages que le calligraphe voulait recommander à l'attention.

Cette écriture, depuis sa réapparition en France, où elle vint détrôner l'écriture gothique, ne pouvait manquer, malgré le respect porté à son antiquité, lorsqu'on ne jurait plus que par les Grecs et les Romains, de subir l'influence du progrès et de la mode, et l'on peut reconnaitre par la comparaison des vieilles éditions et des éditions nouvelles, que sa physionomie a un peu changé. On a cru lui donner plus d'élégance en grosissant ses parties pleines, ou en atténuant ses parties déliées jusqu'à ce qu'elles devinssent presque imperceptibles. Nous ne nous prononçons pas sur ce qu'elle a pu gagner réellement à ces améliorations, en grâce et en perfection, sous le rapport typographique; mais nous oserons dire qu'elle a perdu beaucoup de la sévérité de son caractère monumental, et nous ne conseillons pas aux artistes chargés d'exécuter des inscriptions, n'importe par quel procédé, sur ou dans un édifice, sur une tombe, ou de graver des légendes de numismatiques, de suivre de trop près les progrès de la typographie à cet égard.

L'analyse du caractère romain révèle cinq espèces de lettres bien distinctes :

1º Celle dont le plan est un parallélogramme : elle comprend E F H K L M N T U, auxquels on peut ajouter I, d'après sa décomposition élémentaire. (*Voir* ci-après le § intitulé *Des figures analytiques.*)

2º Celle dont le plan originaire est un cercle ou une portion de cercle : C, G, O, Q.

3º Celle où les lettres sont formées d'un ou de plusieurs triangles : A, V, X, Y, Z.

4º Celle où les lettres sont formées par la combinaison du parallélogramme et de portions de cercles : B, D, P, R, auxquels on peut ajouter J, comme on le verra ci-après. (*Voir* le § *Des figures analytiques.*)

5º Celle où les courbes sont combinées : S.

Examinant ensuite les lettres dans leur composition générale, nous reconnaissons :

1º Que leurs éléments *simples* ou *primaires* sont : la ligne droite et la ligne courbe;

2º Que ces lignes ou s'emploient à leur état, ou se combinent pour former une seconde série d'éléments *secondaires* ou *complexes* que l'on nomme *figures analytiques;*

3º Que l'assemblage de ces deux sortes d'éléments produit de nouveaux groupes qu'on appelle *lettres.*

I.

DES LIGNES OU ÉLÉMENTS SIMPLES.

Les lignes droites sont :

La *verticale* (*Pl.* I, *fig.* 1) qui se voit dans M, N, U.

L'*horizontale* (*fig.* 2) qui forme la traverse centrale d'A et de H, la barre de L, celle de T, et les deux barres supérieures et inférieures de Z.

L'*oblique* (*fig.* 3) inclinée de gauche à droite, ou de droite à gauche, comme dans A, K, M, V, X, Y.

Les lignes courbes sont :

Le *cercle* parfait (*fig.* 4) qui forme O et Q.

L'*arc de cercle* (*fig.* 5) dont se construisent C, G et les parties arrondies ou *panses* de B, D, J, P, R, U, et qui, décrit d'un autre centre avec une ouverture de compas un peu plus grande, détermine le renflement ou galbe de ces panses ou parties circulaires, et celui de O et de Q (*fig.* 16).

La *courbe irrégulière*, ou ligne mixte à double courbure (*fig.* 6) dont se forment S ainsi que la queue de Q et de R.

II.

DES FIGURES ANALYTIQUES.

On entend par figures analytiques, toutes les parties qu'on peut obtenir de la décomposition régulière des lettres, ce sont :

Le point (*Pl.* I, *fig.* 7) ou cercle solide qui termine la queue du J (alph. A), et qu'il ne faut pas confondre avec le cercle linéaire classé parmi les lignes.

La petite console, ou base *rectangulaire* ou à angle droit (*fig.* 8) que l'on place au sommet ou au pied des membres verticaux des lettres telles que B, D, E, F, I, H, etc.

Là grande console rectangulaire (*fig.* 9) qui termine les barres de E, F, L, et qui pend à chaque extrémité de celle de T (alph. A).

La console ou base *acutangulaire*, ou à angle aigu (*fig.* 10) qu'on trouve à l'intérieur des membres obliques de A, K, V, X, Y. (*Ibidem.*)

La console *obtusangulaire*, ou à angle obtus (*fig.* 11) qu'on trouve à l'extérieur des mêmes lettres. (*Ibidem.*)

La double console (*fig.* 12) qui forme la pièce ou barre centrale de E, F qu'on appelle aussi *langue*. (*Ibidem.*)

Le *rectangle* ou parallélogramme (*fig.* 13), élément obligé de toute lettre non exclusivement formée par des courbes, et qui s'emploie posé tantôt verticalement comme I, les hastes de B, D, L, ou le gros jambage de M; tantôt obliquement, comme ceux des montants de A, V, la traverse de N, Z, ou la grosse branche de K et de Y. Dans ce second cas, on les complète par le *triangle* (*fig.* 14) qui rachète la différence de la verticale ou de l'horizontale. (*Ibidem.*)

Le *quart de cercle* ou *quart de rond* (*fig.* 15), complément de la haste du J à sa base. (*Ibidem*).

Le *croissant* (*fig.* 16), qui sert à former les côtés de C, G, O, Q, et les parties convexes ou panses de B, D, P, R. (*Ibidem.*)

III.

CONSTRUCTION DES LETTRES.

Il nous suffit de reporter le lecteur à ce que nous avons dit plus haut de l'influence inévitable que les changements du goût et de la mode ont exercés sur la typographie, même en ce qui concerne l'imitation des types anciens, pour lui faire comprendre que plusieurs modèles peuvent avoir cours simultanément, et il n'est pas même nécessaire de recourir à plusieurs fonderies pour trouver ces diversités; ni de sortir de ce qu'on peut appeler les caractères classiques, par opposition aux caractères de fantaisie.

Par exemple, tel alphabet prend la *petite console* (*Voir* les figures analytiques) pour amortissement au sommet ou à l'embase de tous les membres droits de ses lettres (*Pl. I*, alph. B); tel autre du même corps, c'est-à-dire de hauteur et de grosseur égales, ne l'admet qu'à l'extrémité des membres déliés; tel enfin la remplace absolument par une petite barre, un simple filet (*Voyez* les grandes capitales du texte de l'atlas), et les plus belles éditions sont imprimées tantôt avec un caractère, tantôt avec l'autre.

L'usage de celui-ci ou de celui-là est donc une affaire de goût. Nous observerons cependant que pour le dessinateur ou pour le graveur chargé de mettre la lettre sur un plan ou sur une carte, le caractère à simples barres au lieu de consoles, offre un avantage qui peut être apprécié dans l'occasion, celui d'une exécution plus rapide, l'emploi des consoles exigeat nécessairement plusieurs coups de plume ou de bur, tandis qu'un seul coup suffit pour faire la barre, opération qui se simplifie encore, sur une ligne droite, par l'emploi de la règle.

La Planche 1re qui nous représente un alphabet (A) de lettres capitales décomposées de telle manière qu'on pourrait dire que toutes les figures analytiques de chaque groupe ont été déboîtées de leurs mortaises, et sont demeurées prêtes à y rentrer, achèvera de rendre sensibles les principes exposés plus haut sur l'analyse et la composition des lettres. Nous engageons le lecteur à les comparer attentivement. Rien n'est plus propre que cette étude pour faire acquérir dans la construction des capitales romaines, une facilité d'exécution et une rectitude rationnelle, auxquelles l'incertitude des principes consultés jusqu'alors ne pouvait conduire sûrement.

En correspondance, est le même alphabet (B), reconstitué par le rapprochement des *figures analytiques ;* nous le donnons comme un des types les mieux proportionnés et les plus harmonieux de ce genre de caractère, aussi loin de la recherche que de la vulgarité.

Afin de ne rien négliger de ce qui peut être essentiel pour l'instruction de nos lecteurs, nous mettons sous leurs yeux deux spécimens de capitales droites (*Pl.* 1re, B, D), et deux de capitales penchées (C, E). Le premier de chaque genre est emprunté au remarquable ouvrage anglais de Wilme ; le second, au tableau démonstratif dressé par le dépôt de la guerre, pour l'écriture des cartes et plans topographiques. Un système de lignes verticales et horizontales, que nous nommerons *lignes de construction*, donne les proportions relatives, pour la forme, la division et le corps. Les instructions du ministère de la guerre portent expressément, que les lettres capitales droites auront sept parties de hauteur, et les jambages pleins, une partie d'épaisseur. Elles recommandent de ne point donner de majuscules aux mots écrits en lettres capitales dans un titre et légende, ce qui est conforme au principe que nous avons rappelé ; mais elles font une exception pour les noms propres les plus saillants de l'intérieur de la carte, et prescrivent que dans ce cas les majuscules auront un tiers en sus. (Voyez *Grandes lettres*.)

Wilme ne divise ses capitales qu'en cinq parties, et leur donne, comme le dépôt de la guerre, une de ces parties pour les épaisseurs, ce qui rend le corps moins maigre, sans lui donner la lourdeur qu'affectionnent certains typographes, laquelle fait, avec l'extrême finesse des membres déliés, un contraste on ne peut plus blessant pour l'œil, que nous conseillons fortement d'éviter.

Nous ne devons pas négliger d'appeler l'attention sur une différence peu sensible, mais réelle, qui existe entre les exemples de construction et les types usuels, au sujet de la lettre O. Dans les exemples elle est parfaitement égale en hauteur aux autres lettres ; dans l'usage, on lui donne un léger excédant par le haut et par le bas. Cette différence adoptée généralement, sinon sans exception, par les plus habiles graveurs de caractères et qu'ils reportent naturellement sur les composés ou décomposés de O, tels que Q, C, G, leur a paru commandée par l'expérience que les lettres rondes, lorsque leur hauteur est exactement la même que celle des lettres qui ont pour plan le carré ou le parallélogramme (Voir *page* 16), semblent être un peu plus courtes que les autres. On prend la même précaution à l'égard des minuscules, comme nous le verrons plus tard.

Parmi les capitales, l'E seul prend ses accents en typographie ; les autres voyelles en sont dépourvues, l'I même ne porte pas son point.

Comme cet usage ne s'est introduit que pour assurer la solidité des types, il ne peut faire loi pour les caractères dessinés ou gravés. On peut donc donner aux petites capitales les accents qui leur conviennent ; mais on doit les éviter absolument dans le style lapidaire.

La typographie a classé les différentes forces de caractères usuels dont elle fait usage, en *corps* au nombre de vingt, multipliés par plusieurs subdivisions. Leur nomenclature serait sans intérêt pour les personnes qui ne s'occupent pas spécialement de la gravure des caractères d'imprimerie. Les rapports des uns avec les autres sont en effet sans application pour qui doit tracer la légende d'un plan, la lettre d'une carte, l'inscription d'un monument, l'enseigne d'un magasin, le titre d'une romance, la devise d'un cartouche. Dans tous ces cas, la force du caractère se détermine d'après des besoins, ou des convenances relatives, qui n'ont rien de commun avec les besoins et les convenances de l'imprimeur typographe.

§ II. DES MINUSCULES, OU PETIT-ROMAIN (1).

Dans les siècles qui suivirent celui d'Auguste, la *capitale* se dénatura, en même temps que tout tendait déjà à s'amoindrir, hommes et choses. Elle se réduisit à l'*onciale* (2) d'abord, qui ne craignit pas d'étaler ses proportions exiguës sur la face des monuments, et plus tard y montra les formes molles, arrondies que les scribes avaient adoptées, comme plus expéditives que les formes anguleuses de *la* capitale, pour la confection de leurs manuscrits. La dénomination d'onciale dès-lors caractérisa plus particulièrement ce genre altéré, qui cessa de se renfermer dans ses proportions primitives. L'altération fit encore de nouveaux progrès dans la minuscule des manuscrits, jusqu'à ce qu'enfin la nécessité d'acquérir plus de rapidité encore, ait conduit à assembler ensemble les lettres, auparavant isolées, par des liaisons qui produisirent une écriture devenue spéciale aux calligraphes, qu'on nomma la cursive.

On peut demeurer surpris, aujourd'hui qu'on apprécie les extrêmes avantages de cette écriture sur l'écriture détachée, que l'on ait tant tardé à la découvrir. Si extraordinaire que cela paraisse, on est cependant réduit à supposer, à défaut absolu de renseignements contraires, que les poètes, les auteurs de toutes sortes, les gens d'affaires, les scribes administratifs, qui n'étaient guère moins nombreux que de nos jours, étaient

(1) Les imprimeurs appellent aussi ce caractère *bas de casse*.

(2) L'onciale primitive prit son nom de ses dimensions. Elle n'avait qu'un pouce (*uncia*) de hauteur.

réduits, ceux-ci pour fixer leurs pensées fugitives, ceux-là pour tous les besoins d'une polygraphie active et multipliée, aux lents et pénibles procédés de l'écriture que nous appelons aujourd'hui *moulée*, en suppléant à ces inconvénients par l'emploi des abréviations connues sous le nom de sigles et de notes tyroniennes, à l'aide desquelles , croit-on, l'on pouvait écrire aussi vite qu'avec notre sténographie, mais dont les obscurités font le désespoir des paléographes.

Nous laissons aux savants historiens, et aux archéologues , le soin de discuter et de décider cette importante question, dont nous n'avons laissé entrevoir que la partie essentielle aux explications qui nous restent à donner.

Les diverses écritures onciale, minuscule et cursive, éprouvèrent encore bien des vicissitudes jusqu'au xive siècle. Ce fut alors seulement que la minuscule réunissant, par l'effet d'une sorte d'éclectisme, les éléments radicaux conservés dans chacune, acquit une précision mathématique et des règles normales, si bien que notre minuscule actuelle, à laquelle nous avons donné le nom de petite romaine, n'est pas autre chose que cette belle écriture qu'on voit sur les manuscrits et sur les monuments de l'époque que nous venons de citer (*Pl.* 3, alph. C.), et dont les typographes postérieurs n'ont fait qu'arrondir les panses anguleuses, et redresser les jambages brisés. Mais ces formes ont été d'ailleurs entièrement conservées. L'alphabet minuscule D de la Planche 4 montre comment la typographie elle-même était déjà entrée dans la voie au xvie siècle.

On chercherait donc en vain des modèles typiques

de ce caractère, malgré le nom de *romain* dont on l'a
baptisé, sur les monuments artistiques ou paléogra-
phiques de l'antiquité romaine, comme on fait pour
les lettres capitales. Ce ne sont que les modernes eux-
mêmes qui peuvent se servir d'exemples.

Nous donnons, pour le caractère petit-romain, des
principes mécaniques de construction établis suivant
le même système que nous avons appliqué à la construction des capitales (*Pl.* 1re, F, F, F, J). Nous n'a-
vons pas cru indispensable d'en faire également la décomposition par figures analytiques des lettres. Il suffit
de remarquer que, malgré les différences apparentes
de certaines formes, elles se composent toujours d'éléments communs aux deux alphabets ; le lecteur qui aura
étudié avec quelque soin ce que nous avons dit *page* 17,
saura tout ce qu'il lui est nécessaire de savoir pour
faire lui-même l'application de la méthode analytique,
à quelque caractère que ce soit.

Mais les minuscules ne s'emploient presque jamais
sans le concours des capitales, qui leur servent d'initiales, soit pour les alinéa, soit pour les noms propres ;
qui, quelquefois même, s'introduisent au milieu du
texte pour composer en entier un mot, une phrase,
une citation sur laquelle on veut attirer particulièrement
les yeux. L'art du typographe ne pouvait donc manquer de chercher les proportions les plus convenables
à établir entre les alphabets destinés à correspondre ;
c'est l'expérience seule, et non les modèles puisés soit
dans l'épigraphie, soit dans la calligraphie (1), qui a

_____

(1) *Voyez* ce que nous disons à ce sujet au Chapitre des *Lettres
d'apparat.*

Décorateur-Ornementiste. 5

conduit à les découvrir et à les fixer avec une précision didactique.

Dès qu'on eut reconnu la nécessité d'établir des proportions relatives entre la capitale et la minuscule, il devenait incontestable que c'était la première qui devait servir d'étalon, puisqu'elle était la plus ancienne et offrait, dès l'antiquité, des modèles ou des principes.

Il est inutile de parler ici des variations que ces proportions ont pu subir. L'essentiel pour les lecteurs auxquels nous nous adressons, est de savoir celles qui ont été adoptées en définitive par nos meilleurs typographes, et quels moyens mécaniques peuvent être employés pour les déterminer sur-le-champ, sans recourir à des opérations géométriques ou à des instruments de précision qui ne sont pas d'un usage familier à tout le monde, ou dont l'emploi exigerait trop de temps ou de soins.

Nous avons consulté avec une attention scrupuleuse les plus beaux types de la typographie actuelle, et ce n'est qu'après des opérations multipliées que nous sommes arrivé à des conclusions sur l'exactitude desquelles on peut compter.

Disons d'abord, avant tout, que l'alphabet minuscule se compose de *lettres courtes* et de *lettres longues*, qu'on nomme aussi *lettres à tête ou à queue*.

Les lettres courtes sont : a, e, m, n, o, r, z, etc.

Les lettres longues, à tête, sont celles dont la haste se prolonge par le haut, telles que b, d, h, l, etc.

Les lettres longues, à queue, sont celles dont la haste dans les unes, la queue dans les autres, se prolongent par le bas ; les premières sont : p, q ; les dernières, g, j, y.

L'alphabet minuscule, rangé sur une seule ligne, offre donc trois parties superposées : celle du centre où se trouve le corps ou *l'œil* des lettres ; la partie supérieure où s'élèvent les têtes ; la partie inférieure où descendent les queues.

La lettre capitale donne la hauteur de la minuscule longue à tête (*Pl.* 2, *fig.* 6). Il est donc nécessaire de commencer par fixer cette capitale pour se rendre compte du corps ou œil du caractère minuscule qu'on veut tracer au burin, à la plume, au pinceau, au ciseau. Cette lettre une fois donnée, on fait passer par son sommet et par sa base deux parallèles, enfermant un espace qu'on divise en neuf parties, dont cinq pour l'œil des minuscules, et quatre pour les têtes (*Pl.* 1, *fig.* F). Les queues prennent également quatre parties (*ibid.*), à l'exception du g dont la boucle dépasse un peu cette proportion. Ainsi la hauteur totale de la minuscule ou *bas de casse*, comprend treize parties. Les instructions du dépôt de la guerre la divisent en dix-huit, et portent que : « Les lettres à tête, comme b, d, f, g, h, k, l, dépasseront les lettres a, c, e, i, m, n, d'un corps ; c'est-à-dire qu'elles auront le double de hauteur ; les lettres à queue, comme g, j, p, q, y, auront en-dessous le même excédant que les lettres à tête auront en-dessus. » On comprend que s'il en résulte quelque élégance pour les têtes et les queues, en revanche, le corps de la lettre devient ramassé, et se trouve écrasé par les capitales, qui alors prennent trop d'importance. Nous n'avons pas dû néanmoins négliger de faire connaître cette autorité. L'alphabet J (*Pl.* 1re) qui avait pour objet de reproduire celui du dépôt, offre une erreur en ce qu'il ne donne que cinq parties aux têtes et aux queues, tandis qu'elles devraient en avoir six comme le corps.

Dans les deux exemples théoriques, d'ailleurs, tous les œils sont représentés comme ayant absolument la même hauteur. Dans la typographie pratique, il n'en est pas ainsi. Les lettres à panse, comme a, c, b, h, o, p, etc., et les lettres à demi-panses, comme m, n, d'après le motif que nous avons indiqué *page* 21, ont un peu plus de hauteur que i, z. La différence qui se répartit moitié en-dessus et moitié en-dessous pour les premières, et qui n'existe que supérieurement pour les dernières, est approximativement d'un huitième, dont moitié ou un seizième pour le haut, et autant pour le bas.

Quelques typographes, pour éviter que le m et le n, quand l'œil du texte prend une certaine dimension, acquièrent trop de volume par suite de cet exhaussement des courbes, maintiennent le premier jambage au niveau de i.

C'est d'ailleurs cette dernière lettre, moins son point qui marque la hauteur de la barre de f, de t, et le niveau de tous les membres verticaux de même hauteur, ou qui se prolongent par en bas, ainsi que de la fourche de y, et de la branche supérieure de celle de k. Le t, seule lettre de son espèce, dépasse ce niveau de moitié de la différence de i à l. Les capitales grandes ou petites qui s'emploient avec les minuscules, s'alignent nécessairement par le pied, sur la base de l'œil de celles-ci, sauf ce qui est dit ci-après à l'égard des lettres d'apparat.

§ III. DE L'ITALIQUE.

Ce caractère a, comme le caractère romain, ses majuscules (*Pl.* 1re, C, E), et ses minuscules ou bas de casse (H , K).

L'italique majuscule ou capitale n'est autre chose que la romaine capitale, qui a quitté sa verticalité. Son inclinaison de droite à gauche décrit avec la parallèle horizontale un angle de 70 degrés. L'instruction du ministre de la guerre rend cette inclinaison par *trois parties*, le carré du caractère étant divisé en sept (*Pl.* 1re, E); mais cette traduction n'est pas l'équivalent exact de l'angle donné par le tableau, qui n'est réellement que de deux parties et demie. Du reste, les éléments analytiques sont absolument les mêmes que pour la romaine (même planche); seulement, les triangles rectangles disparaissent, et il ne reste que des triangles plus ou moins obtus, plus ou moins aigus. Mais l'italique minuscule diffère à beaucoup d'égards de la minuscule romaine. Ses *a*, ses *g*, la forme elliptique de ses panses, le crochet qui termine par le bas la plupart de ses hastes et de ses jambages, la rapprochent singulièrement de la cursive; il ne lui manque que des liaisons pour lui ressembler entièrement, et ces liaisons sont appelées si naturellement, qu'on peut ne voir dans leur absence qu'un pur effet de la maladresse de l'ancienne typographie à vaincre une difficulté qui, de nos jours, a été tournée avec tant de succès pour l'imitation de l'écriture anglaise, par les procédés ingénieux de M. Firmin Didot, dont nous n'avons pas à nous occuper.

Le procédé de la construction de la majuscule et de la minuscule italique est exposé dans la Planche 1re, alph. C et H, et *fig.* E et K.

Nous ne devons pas négliger de faire observer que l'italique qui serait construite entre deux parallèles espacées également à celles qui déterminent la hauteur de la romaine paraîtrait et serait réellement plus longue, par suite de son inclinaison. L'artiste écrivain qui ne se rendrait pas compte de cette différence produirait quelquefois un effet opposé à celui qu'il se serait proposé. Cependant les deux sortes de caractères doivent être renfermés entre les mêmes parallèles, quand elles se trouvent dans une même ligne de texte. (*Voyez* TITRES.)

Nous avons à peine besoin de dire que l'italique majuscule ou minuscule n'est point une écriture monumentale, et ne saurait jamais figurer ni dans une inscription lapidaire, ni dans une légende numismatique.

§ IV. DE LA ROMAINE PENCHÉE.

C'est proprement une espèce bâtarde qui diffère de la romaine droite par l'inclinaison qu'elle emprunte à l'italique minuscule, et de celle-ci par la forme de certaines lettres qui demeurent semblables à celles de la romaine, telles par exemple que le *a*, le *g*, le *v*, l'*y*, etc. (*Pl.* 1re, *fig.* K.)

Les majuscules ou capitales sont les mêmes que pour l'italique.

Ce caractère, usité par le dépôt de la guerre, ne s'emploie pas en typographie, non plus que l'italique L (Même planche).

§ V. DE L'EMPLOI ISOLÉ DES CAPITALES, OU DE LEUR EMPLOI SIMULTANÉ AVEC DES MINUSCULES.

Les inscriptions, les légendes imitées de l'antique ne doivent s'écrire qu'avec des capitales de dimensions égales, fussent-elles composées de plusieurs lignes. Nous recommandons cette règle aux graveurs d'inscriptions sur les tombes, dans les chapelles, etc.

Dans les titres ou légendes de fantaisie où l'on n'admet aussi que des capitales, on peut, pour l'agrément, varier les dimensions, non-seulement d'une ligne à l'autre, mais encore dans une même ligne, ainsi que la Planche 10 en montre quelques exemples. Mais dans aucun cas on ne doit commencer une ligne ou un mot par une lettre supérieure, fût-il question d'un nom propre, sauf l'exception déterminée pour les *grandes initiales* (*Voyez* le chapitre des *Grandes lettres*) et celle admise pour la lettre des cartes géographiques, *page* 21.

On s'écarte encore de la règle générale lorsqu'il s'agit d'une inscription chronographique, c'est-à-dire dans laquelle certaines lettres font l'office de chiffres romains, qu'on additionne pour avoir une date. Ces lettres, pour se distinguer, se font plus grandes que les autres.

Exemple : ʜIC VoтVM paCis pVʙLIcÆ...... CoɴseCʀaViт.

L'addition des grandes lettres ICVVMCVLCCV, comptée chacune pour sa valeur, donnerait le millésime 1471.

Par rapport aux minuscules, les lettres majuscules se

divisent en grandes et petites capitales. Les premières
sont celles dont la hauteur égale, comme nous l'avons
vu paragraphe II, les longues lettres minuscules ; les
autres sont celles qui n'excèdent pas l'œil de ces dernières. Tout alinéa d'un texte écrit en minuscules,
toute phrase nouvelle suivant un point, tout nom
propre, doit commencer par une grande capitale. Les
petites capitales servent à composer un mot, un nom,
une phrase dont on veut faire ressortir l'importance.
Quelquefois même on a recours, dans ce dessein, aux
grandes capitales, afin d'attirer encore plus l'attention.

On emploie à la tête d'un livre, d'une pièce importante, d'autres initiales supérieures à la grande capitale, et dont nous parlerons au chapitre ci-après, intitulé : *Des grandes lettres*, où l'on trouvera quelques
observations supplémentaires au présent paragraphe.

§ VI. DES CHIFFRES.

Il serait superflu de rappeler à nos lecteurs que les
anciens se servant pour signes arithmétiques de certaines lettres de l'alphabet, leurs monuments ne peuvent nous offrir des types modèles pour les chiffres
dont nous avons emprunté l'usage à l'Orient.

Malgré que l'introduction du caractère numéral
arabe dans notre pays soit fort ancienne, puisqu'on
l'attribue au célèbre Gerbert, cet illustre archevêque
de Reims qui devint pape en 999, sous le nom de Sil-
vestre II, on conserva cependant durant plusieurs
siècles encore l'usage des chiffres romains dans les
inscriptions lapidaires ou métalliques ; la calligraphie

elle-même s'en servait peu. L'exemple le plus reculé qu'elle nous ait transmis ne remonte pas plus haut que le xie siècle, et se trouve dans l'ouvrage de Gui d'Arezzo, sur la notation de la musique. Ce n'est qu'au milieu du xiiie siècle que le système de numération paraît avoir été complété par l'invention du zéro, et néanmoins au xve la méthode romaine avait encore la préférence. Ce qui paraîtra fort singulier aujourd'hui, les savants entremêlaient quelquefois les deux systèmes, écrivant X2, XXX2 pour 12, 32.

Nous avons cru devoir entrer dans quelques détails à ce sujet, afin de prémunir des architectes ou des sculpteurs qui seraient chargés de restaurer ou de rétablir des inscriptions anciennes, contre le désir de rectifier ce qu'ils pourraient considérer comme des erreurs.

Peut-être, pour le même motif, ou pour les mettre à même d'imiter les inscriptions anciennes, n'est-il pas inutile de donner ici un abrégé du système de la numération par lettres ou de la chiffraison romaine. On connaît moins que l'on ne se l'imagine volontiers, toutes les lettres et autres signes employés le plus habituellement par les anciens à cet usage, et les diverses combinaisons qui en modifient la valeur, en plus ou en moins. Un petit nombre de règles et d'exemples suffiront pour remplir l'objet qu'on s'est proposé en composant ce Manuel.

I égale 1.

II = 2.

III = 3.

IIII ou IV = 4. L'usage des IIII est absolu jusque vers le xiiie siècle.

$$v = 5.$$ En y ajoutant ı, ıı, ııı,
on forme 6, 7, 8.

viiii ou ix $= 9.$ viiii est devenu inusité.

$$x = 10.$$

$$xi = 11,\ \text{etc.}$$

xiiii ou xiv $= 14.$ xiiii devenu inusité.

$$xv = 15.$$

$$xvi = 16,\ \text{etc.}$$

xviiii ou xix $= 19.$ xviiii devenu inusité.

$$xx = 20.$$

$$xxx = 30.$$

xxxx ou xl $= 40.$ xxxx devenu inusité.

$$l = 50.$$

$$li = 51,\ \text{etc.}$$

$$lx = 60,\ \text{etc.}$$

$$xc = 90.$$

$$c = 100.$$

$$cc = 200,\ \text{etc.}$$

ıɔ ou d $= 500.$

$$dc = 600.$$

$$dcc = 700.$$

$$dccc = 800.$$

$$cm = 900.$$

∞ ou ✕ ou m ou cıɔ $= 1,000.$

✕✕ ou ∞∞ $= 2,000.$

ıɔɔ $= 5,000.$

ccıɔɔ $= 10,000.$

ıɔɔɔ $= 50,000.$

cccıɔɔɔ $= 100,000.$

Au-delà du nombre 500, chaque ɔ ajouté à droite
multiplie par 10 comme notre 0, et chaque c ajouté

à gauche double la somme. Ainsi l'addition d'un ɔ à ᴅ ou Iɔ décuplera la valeur. Mais pour doubler ensuite cette valeur décuple, on commence par ajouter ᴄ à gauche de ɪ, afin de compléter d'abord cɪɔ (1), ou 1000. Ce n'est plus dès-lors que le second ᴄ qui sert à doubler. On observera que cette opération exige autant de ᴄ à gauche qu'elle offre de ɔ à droite.

Nous avons cité comme première date, considérée comme certaine, de l'emploi des chiffres arabes, le xɪe siècle; mais on chercherait vainement, dans les monuments ou dans les écrits antérieurs au xɪve, des exemples capables de servir de types pour la construction des chiffres aujourd'hui d'un usage si vulgaire, et même exclusif quand il est question d'opérations arithmétiques. Ceux de l'Orient n'offriraient pas plus de secours, car leurs formes, reproduites chez nous pendant plusieurs siècles, ont singulièrement changé sous nos mains. La figure 2 de la Pl. 2 nous donne une idée exacte de la chiffraison arabe; les figures 1 et 3 sont empruntées à des monuments du xɪɪɪe siècle.

On voit, d'après cela, que les chiffres *arabes* des inscriptions lapidaires des xɪve siècles et suivants, et ceux dont nous nous servons aujourd'hui, sont à peu près entièrement européens, et qu'il n'y a qu'à consulter les bons modèles de l'une ou de l'autre époque pour connaître leurs formes et leurs proportions.

Nous observerons, sur ce dernier point, qu'il existe

---

(1) cɪɔ est l'équivalent du ᴍ arrondi de l'onciale dont les trois parties sont détachées. Par conséquent ɪɔ qu'on a traduit plus tard par ᴅ, n'est figurativement, comme numéralement, que la moitié de cɪɔ, ou ᴍ, c'est-à-dire 500.

deux règles pour les proportions des chiffres usuels. Suivant la première, les dix caractères connus se distinguent en chiffres bas (0, 1, 2) et en chiffres longs (3, 4, 5, 6, 7, 8, 9) (*Pl.* 1, *fig.* G, I), suivant l'usage adopté pour les chiffres qui s'emploient avec des minuscules.

Suivant l'autre, qui est récente et empruntée aux Anglais, tous les chiffres sont de même hauteur quand ils s'emploient avec des capitales. 0 est aussi grand que 9 (*Pl.* 2, *fig.* B,D,G); mais ensuite les opinions varient sur les rapports de la hauteur des chiffres avec celle des lettres. Un très-bon ouvrage que nous avons sous les yeux veut, dans un passage, qu'elle soit dans le rapport des $5/6$, et, plus loin, ses exemples nous montrent des chiffres ayant absolument les mêmes hauteurs que les minuscules (*voir Pl.* 1re, G et I); enfin les meilleurs typographes de Paris leur donnent exactement la hauteur du caractère auquel ils correspondent.

Les instructions du dépôt de la guerre sont précises : elles repoussent les chiffres égaux et règlent, comme il suit, les proportions des figures selon les caractères auxquels elles se rapportent :

« Les chiffres romains droits auront, y est-il dit, les mêmes proportions que les lettres de la capitale droite;

» Les chiffres romains penchés auront celles de la capitale penchée;

» Les chiffres arabes droits seront faits dans les mêmes proportions que la romaine droite;

» Ceux penchés auront celles de la romaine penchée;

» Le 1, le 2, le 0 auront la même hauteur, c'est-à-dire un corps ;

» Le 3 aura un corps et deux pleins ; le 4, le 5, le 6 et le 8 auront un corps et trois pleins ; on donnera deux corps au 7 et au 9. »

La fonderie de l'Imprimerie royale, qui fait autorité, admet, comme les autres fonderies, les deux principes : l'égalité et l'inégalité. L'artiste peut donc choisir entre ces systèmes celui qui lui conviendra le mieux, avec la certitude de toujours bien faire.

Les fractions peuvent se figurer en caractères d'impression de deux manières, aussi bien qu'en caractères d'écriture, en séparant le numérateur du dénominateur, soit par un trait oblique $^2/_3$ soit par un trait horizontal $\frac{3}{4}$ Dans l'un comme dans l'autre cas, la fraction qui se construit toujours avec des chiffres de texte inférieur, doit égaler et ne doit pas dépasser la hauteur totale de la ligne. *Exemple* : b p, $\frac{2}{3}$ b p, $^5/_4$, quelle que soit la forme des chiffres qu'on a adoptés.

On ne fait plus de chiffres arabes italiques en typographie, mais ce n'est pas une raison absolue pour s'en abstenir dans des pièces exécutées à la main. Seulement, on doit éviter de s'en servir dans des tableaux ou autres pièces où ils entreraient dans des opérations d'arithmétique; surtout dans des colonnes d'additions, parce que leur inclinaison est en discordance avec l'opération, qui se fait toujours dans le sens vertical. Quant aux chiffres romains, ils sont inclinés ou droits, selon qu'ils doivent faire partie d'un texte qui appartient à la romaine ou à l'italique. Ce genre de chiffres est le seul qui convienne dans les inscriptions monumentales et dans les titres : pour les premières, parce que c'est l'usage antique ; pour les seconds , parce que cette forme de chiffres cadre mieux que la forme arabe avec les lettres carrées. On sait que les artistes en lettres désignent par cette épithète les capitales romaines.

DES CARACTÈRES GOTHIQUES.

Rien n'a été plus variable que la signification, et par suite l'application de l'adjectif *gothique*. Tantôt il a servi à caractériser à faux des œuvres d'art, fort étrangères et même très-postérieures au séjour des Goths dans une partie de la France, où ils n'ont laissé au surplus aucune œuvre d'art ; tantôt il n'était qu'une expression de dédain ou de mépris infligée à des choses, à des mœurs, à des usages passés de mode.

On s'accordait à désigner sous le nom d'édifices gothiques, tous ceux qui nous restaient des siècles intermédiaires, écoulés depuis la chute du style romain en France jusqu'à sa restauration qui marqua l'époque dite de la Renaissance. Les études nouvelles ont fait reconnaître que ces édifices de styles fort différents, selon la période séculaire qui les avait produits, ne pouvaient être confondus sous une même dénomination, et les savants ont établi une distinction très-rationnelle entre la période *franco-latine*, durant laquelle notre architecture s'efforce encore de ressembler à l'architecture romaine qu'elle oublie peu à peu ; l'époque *romane*, qui se caractérise par l'architecture à plein cintre et à piliers massifs, et la période *gothique* qui a pour types l'arc ogive et le pilier à colonnettes.

Ce qu'on a jusqu'à présent appelé, en termes de typographie, *caractères gothiques* (*Pl. 4*, alph. A, minuscule), n'appartient à aucune de ces trois périodes, et n'est qu'une corruption très-postérieure, en partie empruntée à l'Allemagne, de ceux qu'on trouve sur les monuments, les manuscrits et les premiers livres imprimés. Nous nous permettrons, malgré l'usage, de ne désigner ces caractères que sous le nom de *fausse gothique*, ou mieux, de *gothique ronde*.

Quant aux caractères qui méritent plus particulièrement le nom de *gothiques*, parce qu'ils sont réellement contemporains de nos monuments qui ont retenu ce nom, ils ont éprouvé de nombreuses variations, dont nous nous abstenons d'entretenir nos lecteurs, à qui il importe de connaître seulement ce qui peut leur être usuellement utile.

Le caractère gothique, tel qu'on l'a réhabilité, et qu'on l'accepte actuellement, se compose, comme le caractère romain, de majuscules et de minuscules; de même que pour le caractère romain, les premières sont fort antérieures aux secondes; et bien qu'elles aient servi aux autres de rudiment, elles semblent, au premier aspect, appartenir à une autre famille, à une autre langue.

§. Ier. DES MAJUSCULES GOTHIQUES.

La majuscule gothique est un dérivé évident de l'onciale antique, qui elle-même n'était qu'une altération de la capitale, ainsi que nous l'avons dit ci-dessus. Celle-ci est donc la racine d'où sont sortis, à la suite des siècles, ces rameaux si peu reconnaissables pour l'observateur superficiel.

La majuscule qui compose à elle seule l'épigraphie des monuments de la période franco-latine et de la période romane, et les légendes des sceaux du même temps, qui servait, durant la période gothique, de prétexte aux belles miniatures qui enrichissent les missels, et qui se montre encore avec un certain éclat sur les pages des premiers livres imprimés, où la main du calligraphe continuait de l'exécuter en vives couleurs au commencement ou tout au travers du texte typographique, prit le nom de *lettre tournure*, en raison de sa figure arrondie, qui contrastait avec celle de la minuscule anguleuse. On la désigne aussi volontiers sous le nom de *lettre des missels*. Nous en donnons (*Pl.* 3, A) un spécimen gravé avec beaucoup de précision d'après les types anciens, imités fidèlement par le célèbre Fournier, avec le désir que nos typographes le reproduisent.

L'épigraphie monumentale, les imitations d'anciens manuscrits antérieurs au xv⁰ siècle, ou des premières productions de l'imprimerie, n'en admettent point d'autres. Les deux alphabets donnés sous les lettres B (*Pl.* 3) et C (*Pl.* 4) sont postérieurs. Le premier est d'origine anglaise, et il semble que c'est en effet d'Angleterre que nous est venue cette nouvelle majuscule.

Il existe enfin une troisième sorte de majuscules copiée des manuscrits par la typographie du xvi⁰ siècle, et dont nous donnons également un spécimen (D, *Pl.* 4).

Nous avons dit que les majuscules *tournures* servirent seules durant plusieurs siècles à composer l'é-

pigraphie monumentale; ce n'est guère qu'au xiv⁰ siècle que commence à s'y mêler la minuscule, laquelle,
bientôt y règne à son tour, ainsi qu'on le voit sur les
pierres tumulaires et autres fragments des anciens
édifices échappés à la destruction, ou à la *restauration* souvent non moins funeste. Pour compléter ce
chapitre, *voyez* celui intitulé : DES GRANDES LETTRES.

§ II. DES MINUSCULES GOTHIQUES.

La minuscule gothique changea presque subitement
de forme au xiii⁰ siècle. Elle est un rejeton évident de
la minuscule antique, comme la majuscule en est un
de l'onciale, mais elle éprouva d'assez nombreuses
transformations, toujours de formes plus ou moins in-
décises, plus ou moins arbitraires, jusqu'à ce qu'elle
en vînt, par l'effet d'une singulière révolution, à se cons-
tituer d'une manière régulière et mathématique, au
moyen de principes dont la ligne droite brisée est la
base, et le *prisme* le générateur. La courbe en est si
bien exclue que l'o lui-même devient un hexaèdre.
C'est surtout par là qu'elle se distingue complètement
de la majuscule dont la forme repose essentiellement
sur la courbe. La rigueur du principe nouveau fut
poussée si loin que la lucidité du caractère en souffrit
beaucoup. Il est souvent fort difficile, en effet, pour
qui n'a pas une grande habitude de lire sur les monuments, de déchiffrer des inscriptions ou des mots entiers, ceux principalement où il entre beaucoup de
lettres courtes comme *i*, *u*, *m*, *n*, dont tous les montants ou jambages sont construits de la même manière,

c'est-à-dire par une brisure de gauche à droite à la
tête, et une autre semblable au pied, adhérentes l'une
et l'autre au membre qui précède ou qui suit. L'u-
sage n'était ni de séparer les lettres, ni même d'espacer les mots; on s'attachait tellement au contraire à
la compacité, s'il est permis de se servir de cette expression, que souvent lorsque deux lettres à panses opposées, telles que *d, e, p, e,* se trouvaient à proximité,
elle se fondaient l'une dans l'autre (*Pl.* 3, *fig.* D).

Les inconvénients de cette confusion furent atténués
par l'adoption d'une autre terminaison pour le pied
des membres verticaux de m et de n. Au lieu de les
briser, on leur donna un point carré posé sur l'angle.
De cette manière, on put distinguer un peu plus facilement ces deux lettres des deux autres *i, u* (*Pl.* 3, C, et
Pl. 4, C minuscules.)

C'est cette dernière forme qu'on a reproduite dans
les minuscules gothiques dont on fait usage aujour-
d'hui, d'ailleurs entièrement détachées les unes des
autres, et espacées à l'instar des minuscules romaines,
précautions très-favorables à la clarté, mais qui chan-
gent tout-à-fait la physionomie du style qu'on croit imiter. Les anciens imprimeurs appelaient ce caractère,
lettres de formes, par allusion aux pièces de chancel-
lerie d'où ils l'avaient imité. Il a reçu des imprimeurs
actuels le nom de *gothique allemande*, qui est faux,
et de *gothique brisée*, qui est beaucoup plus caracté,
ristique et marque bien la différence avec la *gothique
ronde* dont nous avons parlé plus haut.

On fera bien de consulter comme points de comparaison, le spécimen du caractère actuel (*Pl.* 4, C),

et le spécimen C gravé il y a un siècle (*Pl.* 3), où le vrai caractère de notre gothique nous paraît beaucoup mieux observé, nonobstant les études faites depuis.

Une autre minuscule gothique, qui est à peu près à celle que nous venons de décrire, ce qu'est l'italique à la romaine, prit cours au xvie siècle, et servit à l'impression de plusieurs livres de cette époque. Elle est heureusement reproduite dans le spécimen de la Planche 4, *fig.* D. On reconnaîtra que ce caractère touche de trop près à la cursive pour être employé à des inscriptions monumentales ou dans des imitations. A plus forte raison, ne saurait-on faire usage de la *fausse gothique* ou gothique ronde (A ; Pl. 4), qui ne peut servir que pour des titres et autres caractères analogues.

§ III. DES CHIFFRES.

Dans les inscriptions et sur les sceaux, les millésimes et autres indications numériques sont chiffrés en lettres, à l'imitation des Romains. Ce n'est guère que vers le xvie siècle que la numération en chiffres arabes s'introduit définitivement pour l'usage habituel ; on ne saurait donc les employer avec les majuscules de *missels.* Si quelques rares exemples anciens existent en effet, nous avons vu par la Planche 2, *fig.* 1 et 3, comment ces chiffres étaient exécutés, et il ne pourrait venir dans l'idée de personne de reproduire des signes devenus inintelligibles. Les formes arrondies des chiffres arabes ordinaires ne cadrent pas d'autre part avec les minuscules prismatiques, dont ils n'ont jamais imité la brisure, sinon dans quelques essais tout modernes que le goût et la science réprouvent.

CARACTÈRES DE FANTAISIE.

Pour compléter autant que peuvent nous le permettre les limites nécessairement fort restreintes d'un livre destiné à devenir usuel, nous ajoutons plusieurs exemples de caractères de fantaisie dont la typographie a introduit et adopté l'usage dans la composition de ses titres et d'autres labeurs. Tels sont, entre autres, la gothique ronde perlée (B, *Pl.* 4); les alphabets ornés à fleurons, à jour, à filets (A, B, D, E, L, M, N, *Pl.* 5); les caractères appelés antiques, les caractères ombrés ou en relief (F, G, H, I, K, même Planche), et ceux qu'on voit dans les divers modèles des titres des Planches 9, 10, 11 et 12.

Nos lecteurs y trouveront suffisamment de ressources pour varier leurs compositions. Nous avons écarté soigneusement tout ce qui n'est que bizarre ou extraordinaire, et nous ne saurions trop engager les personnes qui exécutent la lettre par quelque procédé et pour quelque destination que ce soit, de se défier de ces innovations qui ne se recommandent à l'œil que par le ridicule.

CARACTÈRES GRECS ET ÉTRANGERS.

Un écrivain a souvent à figurer des caractères grecs. Nous plaçons sous ses yeux (*Pl. 4*, *fig.* F, G), deux alphabets, l'un majuscule, l'autre minuscule, du même corps, afin qu'il puisse juger de leurs proportions relatives, en même temps que de leurs formes.

Nous ferons observer que ces caractères offrent quelques différences avec ceux des anciens manuscrits et des monuments, que les typographes de la Renaissance s'étaient piqués d'imiter avec une fidélité scrupuleuse. Gravés par M. Ambroise-Firmin Didot, ils ont mérité, par leur netteté et leur élégance, de devenir les seuls en usage aujourd'hui en Europe et en Orient, sans excepter la Grèce moderne. Nous y joignons sous la lettre H un spécimen de *grec antique*, tel que la typographie a cru pouvoir le reproduire, exhortant toutefois le peintre ou le sculpteur qui aurait, par occasion, à reproduire ou à imiter une inscription antique, à consulter les nombreux documents lapidaires qui existent dans la riche collection de notre Musée des Antiques et de la Bibliothèque royale.

Nous n'avons pas cru devoir nous étendre jusqu'aux caractères orientaux, qui ne se construisent pas comme les autres. Un écrivain n'en fait jamais de lui-même, et n'a par conséquent jamais qu'à copier des textes qui lui sont donnés.

Sous la lettre E est un alphabet du caractère allemand vulgaire.

DES GRANDES LETTRES.

GRANDES INITIALES , LETTRES D'APPARAT , LETTRES
CAPITULAIRES, LETTRES GRISES, LETTRES DE DEUX-
POINTS.

On ne sait pas précisément quand a commencé l'u-
sage de ces grandes lettres initiales, dont le moyen-âge
s'est complu à orner certaines pages de ses splendides
manuscrits, qu'il a quelquefois multipliées dans un
même ouvrage, quoique telle ait coûté à l'enlumineur
ou miniaturiste plus d'un an de travail. Les paléographes
n'en signalent pas avant le VIe siècle. Ces lettres s'appelaient alors *lettres capitulaires*, comme étant employées au commencement des livres et des chapitres,
bien qu'on en puisse voir aussi remplissant la dernière
page.

Bientôt la bizarrerie s'en mêla ; le caprice composa
les lettres d'éléments étrangers à l'alphabet, et hété-
rogènes entre eux, de treillis, de chaînettes, d'arabesques, de mosaïques. Les serpents, les dragons, y
jouèrent aussi un grand rôle, surtout en Angleterre,
grâce à la souplesse de leur corps , qui permet de
lui faire prendre ou suivre les formes les plus contour-
nées. Notre dessein n'est point d'entrer dans le détail curieux de toutes ces singularités. Cette espèce de
désordre de l'imagination , qui, si elle ne prouve pas
toujours du goût, est du moins une preuve incontestable du prix que les grands seigneurs de cette époque
qu'on désigne ordinairement sous le nom de siècle

d'ignorance, attachaient aux livres. On ne pare pas
avec tant de magnificence ce qu'on dédaigne, ou dont
on ne se sert point.

Aux XIII° et XIV° siècles, les peintres qui exécu-
taient les lettres *capitulaires*, appelées aussi lettres
d'*apparat*, leur donnèrent, ou du moins aux ornements
dont ils les accompagnaient, un développement encore
plus exagéré. La lettre elle-même en acquit peu proportionnellement, car le corps excède rarement une grandeur de 30 à 40 millimètres (12 à 18 lignes); mais souvent un membre, ou quelque extension postiche,
s'épanouit, se prolonge de telle manière qu'elle couvre
toutes les marges en chevelures, en vrilles, en rinceaux, en traits d'écriture, mettant à contribution,
pour s'enrichir, les couleurs vives, l'or et l'argent,
les productions du règne végétal, et des figures fantastiques. Celles-ci servent elles-mêmes à former les
membres des lettres qu'on appelle alors lettres iconographiques ou à images. Ce n'est que vers la fin du
XIV° et durant le XV° siècle, que l'enluminure devient
plus sobre de ces exhubérances gigantesques, et rend
les décorations des marges indépendantes des membres des lettres qu'elle circonscrit alors dans des médaillons à fleurs sur fond d'or, ou à miniatures, à personnages : d'où les lettres fleuronnées et historiées.
On en voit alors qui ont jusqu'à 12 et même 15 cen-
timètres.

L'imprimerie imite ces caprices, mais avec une retenue commandée par ses procédés. Ses caractères illustrés s'appelèrent lettres grises pour les distinguer
des lettres coloriées. Nous produirons ici quelques

spécimens qui lui sont empruntés (*Pl.* 5 , *fig.* 1, 2); ils suffiront pour donner une idée générale des autres. Il ne nous a pas été possible d'en demander aux manuscrits, parce que, d'une part, elles eussent exigé des frais considérables d'exécution et d'enluminure ; parce que, de l'autre, elles n'eussent été que d'une faible utilité pratique à nos lecteurs, qui, s'ils ont besoin d'exécuter de semblables ornements, ne sauraient se dispenser de remonter aux véritables sources, si abondantes et si variées.

La typographie n'était pas encore en état, même avec le secours de la gravure sur bois, de lutter contre les miniaturistes ; elle leur laissa donc longtemps le soin de combler la lacune, leur réservant à côté du texte la place nécessaire.

Pendant les xviie et xviiie siècles, les lettres grises qu'on n'employa que pour des éditions de luxe, se montrent brochant sur un fond ou champ quadrilatère encadré, représentant des personnages, des emblêmes héraldiques ou autres objets dont le nom propre ou substantif, ou la signification devaient absolument commencer par la même lettre que le fond supportait. Ainsi, le champ du C montrait soit une Corne d'abondance, soit un Calvaire, soit une Caravane, etc.; celui du G une Galère, un Gouvernail, une Girafe; celui du T un Temple, une Tour, un Trophée; ou, lorsqu'il faisait usage de figures, le dessinateur attribuait un Amour, un Ange à l'A; un Génie, un Guerrier au G. Il donnait encore à l'E une Ancre, comme symbole d'Espérance ; un Sablier ou une Faux à l'S ou au T, comme indiquant Saturne ou le Temps ; et ainsi du reste, selon son goût ou la finesse de son esprit. Les lettres ainsi illustrées étaient gravées en taille-douce, ce qui exigeait un double tirage, les procédés n'étant pas les mêmes pour l'impression de la typographie ou de la taille-douce.

Mais ce luxe, si minime en comparaison de celui des manuscrits, paraissait déjà trop exorbitant, et l'on finit par se contenter d'une lettre nue, quelquefois blanche, quelquefois azurée, ornée ou fleuronnée, à laquelle on conserva le nom de lettre grise pour la distinguer de la lettre de deux points et de la grande capitale.

La moyenne initiale, qui peut être de même azurée, ornée ou fleuronnée, est la lettre de *deux points*, ainsi nommée parce que sa hauteur est celle de deux lignes de minuscules, abstraction faite des têtes de la ligne supérieure et des queues de la ligne inférieure.

Observons, pour épuiser ce que nous ayons à dire à ce sujet, que les grandes initiales, ou lettres capitulaires des manuscrits antérieurs au xᵉ siècle (nous ne donnons pas cette date comme absolue), conservent chez nous la forme romaine, plus ou moins altérée par les ornements capricieux dont se compose la figure ; qu'à partir de cette époque, jusqu'au xvⁱᵉ, c'est la lettre *tournure* qui est adoptée, et que postérieurement on revient, sans exception, à la lettre romaine.

Quoique l'usage de la lettre grise ou lettre d'apparat, de la lettre de deux points et de la grande capitale, soit le même, puisque toutes trois servent d'initiales dans les impressions modernes, on doit remarquer que celui de la première est le plus borné, car la lettre d'apparat ne peut se montrer régulièrement qu'au commencement du volume, et au plus, ensuite, à celui des matières absolument distinctes qu'il peut renfermer. Les règles diffèrent aussi pour la position.

La hauteur de cette lettre n'est point déterminée d'une manière normale; s'il est de règle ordinaire qu'elle s'aligne par son sommet sur le sommet des longues minuscules à tête, elle descend dans le texte, qu'elle interrompt, aussi bas qu'il plaît à celui qui l'emploie. Sa dimension est donc essentiellement arbitraire; toutefois elle ne peut s'employer dans un texte devant un nombre de lignes insuffisant pour atteindre l'alignement de son pied. Il est même convenable que deux lignes au moins puissent passer dessous. *Exemple* :

JE suis le Seigneur, le DIEU d'Israël, qui vous ai tiré de la terre d'Egypte, de la maison de servitude. Vous n'aurez point de dieux étrangers devant moi. Vous ne vous ferez point d'images taillées, ni aucune figure de tout ce qui est en haut dans le ciel et en bas sur la terre, ni de tout ce qui est dans les eaux sous la terre. Vous ne les adorerez point.

La lettre de deux points était anciennement assujétie aux mêmes convenances, mais dans la typographie moderne, l'usage a prévalu de l'aligner par son pied sur l'œil du texte, comme la grande capitale.

Au reste, l'emploi de ces deux sortes d'initiales n'est plus maintenant qu'une exception. La grande capitale les a remplacées presque généralement dans tous les ouvrages sérieux.

Le lecteur observera, d'autre part, que la règle

invariable en typographie est que le mot qui commence par une lettre grise ou une lettre de deux points soit écrit en entier en petites capitales. Mais cette règle n'est propre qu'aux caractères romains : ni le style gothique, ni les caractères d'écriture ne l'admettent, parce qu'ils n'ont point de petites majuscules, et parce que, d'ailleurs, la forme des majuscules cursives, aussi bien que celle des majuscules de la gothique brisée ou de la gothique ronde, ne permettent de composer avec ces lettres que des mots détachés pour des titres, où ils ne sont pas même toujours lisibles pour tout le monde.

Les progrès de la gravure sur bois ont donné naissance, pour les éditions dites pittoresques, à une nouvelle espèce de lettre grise enrichie de tous les caprices du dessin, souvent presque aussi importante par la place qu'elle occupe, que les *Capitulaires* des anciens calligraphes du xive siècle, plus riche et plus variée de détails pour compenser ce qui lui manque sous le rapport des couleurs. Les simples prospectus s'en décorent aussi bien que les livres les plus riches, et chacun en sait d'expérience à ce sujet plus que nous n'en pourrions dire. Nous nous contenterons de faire observer que les artistes qui exécutent ces initiales fantastiques, presque tous oublieux de consulter les anciens manuscrits ou les anciens types, et entièrement étrangers aux principes de la typographie, prennent si peu souci de faire concorder les ornements et autres accessoires avec la lettre que ceux-ci ne doivent qu'enrichir, que non-seulement ces deux parties n'offrent aucun des rapports idéographiques si exactement observés par

les artistes des siècles précédents, mais que, parfois
même, cette lettre est tellement absorbée, soit par
son entourage, soit par sa propre exiguité, qu'on la
cherche longtemps en vain. D'autres fois elle apparaît
sous des formes si étranges, qu'elle n'appartient à aucun caractère connu. Nous sommes fâché d'avoir à
le dire, mais cette confusion est de la barbarie et non
de l'art. La première condition d'un livre étant d'être
lisible, par quelque procédé qu'il soit écrit, c'est
violer cette condition imposée par la raison et par la
nécessité, que de rendre illisible la moindre partie de
ce livre. Nous conseillons vivement à nos lecteurs de
ne point se laisser entraîner par ces *fâcheux exemples*.

La typographie et la calligraphie sont des arts qui
ont leurs règles comme tous les autres ; la première de
toutes, nous le répétons, est la lucidité et la lisibilité.
Le dessinateur qui veut embellir une lettre est absolument dans la même condition que le peintre ou le
sculpteur qui veut décorer un fronton ou tout autre
membre d'architecture. Il doit se résoudre à ne faire
de son dessin que l'accessoire de la forme dominante,
laquelle doit apparaître avant tout.

La typographie moderne, suivant l'élan donné au-
dehors d'elle, et qui vient apporter l'innovation sur
son propre terrain, a renouvelé aussi, par elle-même,
l'emploi des lettres grises simples et des grandes
initiales historiées. Nous lui empruntons quelques spécimens, *Pl.* 5, *fig.* 3 et 4, et *Pl.* 6, *fig.* 1, 2, 3, 4, 5.
Nous croyons utile de répéter ici, pour les dessinateurs
et graveurs, que, quelle que soit l'importance de ces
lettres, leur tête ne doit jamais dépasser l'alignement

de celle d'une grande capitale, ou au plus, d'une lettre
de deux points.

DES CARACTÈRES D'ÉCRITURE.

On serait tenté de croire, en consultant les anciens
manuscrits, que jusqu'à l'adoption des caractères
prismatiques connus, auxquels est demeurée attachée
l'épithète : gothique, les calligraphes étaient absolument privés de principes analytiques ou démonstratifs
bien arrêtés pour la formation des lettres. Il peut paraître singulier, en effet, que, partant d'une source
commune, l'onciale romaine, ainsi que nous l'avons
fait remarquer, l'écriture cursive s'en soit tellement
écartée de siècle en siècle, qu'il faille recourir à une
étude particulière et approfondie de l'écriture de
presque chacun de ces siècles pour pouvoir la lire
avec une certaine assurance, bien qu'après tout le cachet de l'origine y demeure toujours sensible pour
qui sait le découvrir. L'indécision, la mollesse des
formes, laisseraient croire que réellement la tradition
et l'imitation approximative étaient les seules règles
imposées aux élèves, qui ne tardaient pas, dès qu'ils
étaient devenus assez habiles pour être chargés de
quelque ouvrage important, d'y déployer leur *faire* et
leur goût particulier, autant comme *perfectionnement*
que pour se distinguer des autres calligraphes. L'écriture prismatique ou *gothique*, comme on l'appelle aujourd'hui, est la première où se manifeste d'une manière patente l'adoption de principes ou plutôt d'un

principe normal analytique d'autant plus remarquable qu'il est très-simple, c'est celui de la ligne droite à double brisure, laquelle sert à former toutes les lettres de l'alphabet sans exception. Ce principe, ordinairement si net et si franc dans la minuscule, n'éprouve qu'une légère altération sous la plume du calligraphe, qui, n'ayant pas toujours le temps de former ses angles obtus, tend à les arrondir; et c'est ce mouvement seul, qu'on voit se prononcer de plus en plus, qui, au bout de trois siècles, produit les divers caractères d'écriture dont nous nous servons encore aujourd'hui plus ou moins.

Ces genres furent longtemps au nombre de trois, savoir : la *ronde* ou *française;* la *bâtarde;* la *coulée.* Depuis, l'usage a naturalisé, chez nous, un quatrième genre qu'on nomme *anglaise cursive*, ou seulement *anglaise*, qu'on aurait pu croire, il y a quelques années, destiné à détrôner les autres. Cependant nos vieilles écritures, après avoir consenti à s'annihiler complètement pour faire honneur à l'étrangère, ont commencé à réclamer leur droit de nationalité, consacré non-seulement par l'antique possession, mais de plus par de véritables chefs-d'œuvre, qui ont illustré, entre autres artistes calligraphes, les Barbe-d'Or, les Bedigis, les Guillaume-Montfort, les Rossignol, et, après eux, les Schaentzlein, les Dartiguenave, etc.

Le surnom de *française* fut donné à la ronde par les anciens maîtres, plus habiles dans leur art, il faut le dire, que profonds en érudition, dans la persuasion que cette écriture est la fille légitime de notre écriture gothique : l'erreur, suivant nous, est patente, si l'on doit consulter avant tout la forme pour déterminer l'origine. Or, ni la physionomie trapue de la ronde, ni surtout la construction de ses *m*, de ses *n*, de ses *r*, ne rappellent celles du beau caractère normal du XIVᵉ siècle (*Pl.* 2 , G). Elle ne s'y rattacherait donc que pour sa verticalité et par le bouclement de ses lettres *b*, *f*, *l*, que le caractère gothique, même imprimé (*fig.* D minuscule, *Pl.* 4), adopta à l'époque de la renaissance ; nous ne croyons pas que ces deux signes soient suffisants pour constater la légitimité qui nous paraîtrait bien mieux acquise à la bâtarde, laquelle, le principe de la courbe admis à la place du principe prismatique, rappelle infiniment mieux les formes de notre écriture gothique. Observons même qu'au siècle dernier encore, les maîtres admettaient les grandes lettres bouclées dans ce caractère d'écriture. Nous concluons donc que la bâtarde n'est réellement que de la minuscule gothique inclinée. Mais peut-être nous sommes-nous trop étendu déjà sur cette question,

Division des lettres.

Chacun des trois caractères que nous venons de nommer a ses *capitales*, ses *majeures* ou *majuscules*, ses *mineures* ou *minuscules*, dont l'emploi n'est pas toujours absolument le même que celui de leurs correspondants en typographie.

La *capitale* est l'équivalent de la lettre d'apparat ou grande initiale des imprimeurs. Elle se montre comme elle au commencement d'un texte, mais elle ne le pénètre pas et se place, au contraire, absolument en-

dehors de la justification, sur la marge; la ligne à
laquelle elle appartient est donc plus longue que les
autres. Cette lettre se tire à main levée, sans préci-
pitation, emprunte un peu ses formes et ses dimensions au caprice ou au goût du calligraphe, qui,
quelquefois, l'orne de traits. Ses principaux éléments
sont : l'ellipse, la ligne mixte ou à double courbure, et
la spirale. Le mot commencé par une *capitale*, s'écrit
en entier en majuscules s'il ne se compose pas de plus
de deux ou trois lettres, tel, par exemple, qu'un pro-
nom ou un article, en *titulaire* ou *demi-titulaire* s'il a
plus d'étendue (1).

Les *majeures* ou *majuscules* s'emploient comme les
capitales romaines, au commencement des alinéas,
des phrases, des noms propres; mais très-rarement
ensemble pour former des mots, si ce n'est dans un
titre orné de traits, jamais dans le corps d'un texte,
en quoi leur usage différencie essentiellement de celui
des capitales romaines.

Les *mineures* ou *minuscules* sont, sous un même
caractère, de plusieurs espèces sans changer de
forme. Elles composent l'écriture *titulaire*, l'écriture
demi-titulaire, enfin l'écriture *minuscule* et la *cursive*
proprement dite; c'est ce que, dans les classes, on
appelle *gros, moyen, fin, expédiée*. Leur nom nous
indique suffisamment l'usage auquel on les emploie le
plus volontiers. Cependant les titulaires ne servent pas
seulement à faire des titres. Dans les pièces d'apparat,
telles que les diplômes, les brevets, les pièces de mon-

(1) Nous expliquerons plus loin ce que c'est que l'écriture titulaire,

tre ou d'exemple, on voit assez souvent, surtout pendant le siècle dernier, la première ligne écrite en *gros* ou en *moyen;* on s'en servait aussi pour répéter, dans le corps de la pièce, le nom propre ou le titre principal, comme SIRE, MONSEIGNEUR, MADAME, VOTRE MAJESTÉ, VOTRE EXCELLENCE, VOTRE GRANDEUR. D'autres fois, au lieu d'employer l'une ou l'autre titulaire du caractère d'écriture qui sert au texte, le calligraphe se permet d'emprunter celle d'un autre caractère, c'est une affaire de goût. Disons aussi qu'on voit des pièces importantes écrites en entier en *gros* ou en *moyen*, tandis qu'il y a peu d'exemples modernes de textes entiers imprimés en romaines capitales.

Des mouvements de la plume.

Notre dessein n'étant point de faire ici un cours de pédagogie calligraphique, nous n'analyserons point ces mouvements à la manière des professeurs d'écriture; nous n'entretiendrons point nos lecteurs du *plein naissant*, du *plein mourant* et du *plein finissant.* Nous nous bornons à leur dire que, par PLEIN, on doit entendre généralement la marque faite sur le papier (ligne ou simple point) avec le *bec* d'une plume taillée carrément par le bout, comme il convient pour l'un des trois genres d'écriture dont nous nous occupons. Ainsi, quand il s'agit d'établir des proportions, on les définit indifféremment par l'expression tant de *pleins* ou tant de *becs* de plume. Nous avons préféré la première, parce qu'elle s'adresse mieux à toute personne qui écrit avec un instrument autre qu'une plume. L'expression *bec* a quelque chose de burlesque et de faux, lorsqu'il s'agit, par exemple, d'une lettre ayant des pleins de un ou deux pouces d'épaisseur.

Le DÉLIÉ est la ligne fine, droite ou courbe, qui unit deux membres d'une même lettre.

La LIAISON est une autre ligne fine qui rattache les lettres d'un même mot les unes aux autres.

De quelque dimension que soit l'écriture, avec quelque instrument qu'on l'exécute, elle ne doit jamais perdre sa physionomie originelle ; il faut qu'on y reconnaisse toujours le mouvement de la plume ; qu'elle n'offre, en un mot, que l'image d'une écriture exécutée par les moyens calligraphiques ordinaires et grossie indéfiniment par un verre d'optique. Ainsi, non-seulement les proportions doivent être scrupuleusement conservées, mais les pleins, les tournants, les renflements, doivent être exactement rendus de la même manière et dans les mêmes circonstances, aux mêmes points que le ferait la plume exercée d'un calligraphe. Une écriture qui ne satisferait point complètement à ces exigences, serait une écriture impossible, car jamais la plume ne pourrait la rendre. Les personnes dont la profession est d'exécuter des écritures au pinceau, au burin, ne sauraient donc trop s'entourer des exemples des meilleurs maîtres, et mettre trop de soin à les copier avec une fidélité scrupuleuse.

CARACTÈRES DISTINCTIFS PRINCIPAUX DES TROIS GENRES D'ÉCRITURE FRANÇAISE :

RONDE, BATARDE, COULÉE.

Caractère général.

Le plan de la ronde est le carré parfait, c'est-à-dire que *o* et *n* ont la largeur égale à la hauteur (*Pl.* 7, *fig.* 3).

Le plan de la bâtarde et de la coulée est un parallélogramme incliné, ou rhomboïde, dont la largeur est à la hauteur comme 5 est à 8 (*Pl.* 7, *fig.* 4).

Forme de quelques lettres.

a, *g*, *q*, sont formés :

Dans la ronde (même Planche, alph. C), de deux panses, c'est-à-dire de o et d'une haste ou jambage qui se confond avec celle de droite en couvrant son plein ; cette haste se termine, en bas, par une rondeur et une liaison ; celle du *g* par une boucle ; celle du *q* est une simple ligne droite ;

Dans la bâtarde (même Planche, alph. D), d'une seule panse ou de *c* fermé à droite par la haste, qui diffère, pour le *g*, de celle de la ronde, en ce qu'elle se termine ordinairement en volute ;

Dans la coulée (même Planche, alph. E), de deux panses comme dans la ronde, les hastes se terminant de même.

m, *n*, sont formés :

Dans la ronde, de jambages verticaux unis par un

délié oblique qui part du pied de celui de gauche, pour atteindre la tête de celui de droite;

Dans la bâtarde, de jambages inclinés unis par un délié partant du milieu du jambage de gauche, pour aller rejoindre, en s'arrondissant en demi-panse, le jambage suivant;

Dans la coulée, de jambages inclinés comme ceux de la bâtarde, rattachés par un délié oblique comme celui de la ronde.

p est formé :

Dans la ronde, d'une haste prolongée par en bas, et d'une panse, ou un peu plus de la moitié droite de l'*o*;

Dans la bâtarde, de la haste, et d'une sorte d'*e* renversé;

Dans la coulée, de même que dans la ronde.

Dans l'une comme dans l'autre écriture, le bas de la haste se termine en demi-volute.

Des têtes et des queues.

On appelle *tête*, comme dans la typographie, le prolongement de la haste au-dessus du corps d'écriture; et *queue*, ce prolongement en-dessous.

b, *d*, *l*, *t*, sont des lettres à tête.

g, *p*, *y*, sont des lettres à queue.

f, est une lettre double qui possède une tête et une queue.

Dans la ronde, toutes les têtes et les queues sont bouclées, à l'exception de *q* et de *t*, qui ne sortent point de la ligne droite, de *f* et de *p*, dont les queues sont en demi-volute.

Dans la bâtarde moderne, les têtes de *b*, *h*, n'éprouvent aucune flexion; anciennement elles se bouclaient : la tête et la queue de *f* et les queues de *g*, *j*, *y*, sont en volute.

La coulée a les mêmes habitudes que la ronde.

Dans ces trois genres d'écriture, la tête du *d* n'est que le prolongement curviligne de la panse de droite.

Lorsque deux lettres à queue en volute se suivent, la seconde se termine en ligne droite (*ff*), ou par une boucle (*fg*, *gg*, *g'g*).

Lorsque leur terminaison est bouclée, quelques maîtres permettent à la queue du second *f* d'envelopper la boucle du premier par une volute.

r se compose :

Dans la ronde, d'un petit crochet antérieur et d'une panse;

Dans la bâtarde, d'une haste et du crochet postérieur ou demi-panse formant l'union du second jambage de l'*r* avec le premier;

Dans la coulée, des mêmes éléments que pour la ronde.

Quelquefois encore ces deux écritures renversent la figure; elles se servent aussi volontiers pour *r* final, d'une espèce d'*o*, dont la première panse est remplacée par un jambage. *Voyez* le troisième *r* de l'alph. C.

De l'aplomb.

L'aplomb de la ronde est la verticalité; la bâtarde et la coulée sont inclinées de droite à gauche de trois pleins, ou becs de plume (*Pl.* 7, *fig.* 3), ce qui revient à dire que la haste de *h* ou de *q* forme avec la verticale un angle de 31 degrés (*Pl.* 7, *fig.* 4).

Des proportions.

De la Ronde. Nous avons dit que le plan de *n* et de *o* est le carré parfait; ils sont ainsi de largeur égale à la hauteur.

Les deux côtés du carré sont divisés chacun en cinq parties (*Pl.* 7, *fig.* 3), déterminées par la largeur ou plein du bec de la plume. Sur les cinq, deux représentent donc les pleins et trois leur espacement, c'est-à-dire la largeur intérieure de la lettre. C'est un point de départ commun aux deux autres genres d'écriture.

La hauteur ou la *force* du corps de la ronde, c'est-à-dire des lettres courtes, étant donc cinq, les lettres à tête ou à queue prennent un corps et demi en sus, soit en haut soit en bas, excepté *h*, qui n'a en tout que deux corps.

La largeur générale des lettres est aussi 5, à l'exception de *m* et de *x*, qui prennent 9; de *c* et de *e*, qui n'ont que 4; de *i* et *t*, qui n'ont que 1, la largeur juste de leur haste.

Distances : entre deux jambages de *m n*, et les deux panses d'*o*, 3 pleins; d'un droit à une panse, *i o i*, 2 ¹/₂; d'une panse à une autre, *o c*, 1 ¹/₄; de *c* à *o*, 2; de *c* à une droite 1 ¹/₄; d'une droite à *r*, 2 ¹/₂; d'une panse à *r*, 1 ¹/₂; de *i* à *s*, 5 (*Pl.* 7, *fig.* 1).

La Planche 7 offre, dans l'alphabet minuscule C, plusieurs lettres qui ont cessé depuis un demi-siècle d'être en usage, mais qu'il est utile néanmoins de connaître.

De la Bâtarde. Le corps de cette écriture, avons-nous dit, a 8 pleins de hauteur, et 5 de largeur (*Pl.* 7, *fig.* 4). *c, e, r* n'en prennent que 4; *m* et *x* en exigent 9.

Les têtes de *b, f, h, k, l,* ont un corps de hauteur.

Il en est de même de la queue droite de *p*, et de celle de *q;* celles de *f, g, j, y,* tournées en volutes, descendent à un corps et demi.

Les têtes peuvent acquérir la même extension, lorsqu'elles se bouclent suivant l'usage ancien peu suivi, et qui ne s'est jamais étendu aux queues, sauf le cas des doubles lettres. (*Voyez* ci-dessus le paragraphe : *Des têtes et des queues.*)

Les espacements sont : entre les deux jambages de *m* et de *n*, et les deux pleins de l'*o*, de 3 ; d'une droite à une panse, *i o*, de 2 $\frac{1}{2}$; d'une panse à une panse *o c*, 1 $\frac{1}{2}$; de *c* à *o*, 2 ; de *c* à une droite, 2 ; de *r* à une droite, 1 ; de *i* à *s*, ou de *s* à *s*, 5 (*Pl.* 7, *fig.* 2).

De la Coulée. Les proportions des caractères de la bâtarde sont communes à la coulée.

Il est bien important de remarquer au sujet de cette écriture, surtout quand on s'en sert en manière d'*expédiée*, que la construction de ses *m* et de ses *n*, si les lettres ne sont pas formées avec soin, surtout si elles se combinent avec les lettres *i* et *u*, et que dans la rapidité d'exécution le point de l'*i* ait été oublié ou transposé, permet d'opérer très-facilement une confusion capable d'empêcher de distinguer si l'on a écrit *mie, ime, une, nue, nne*. Les mots *imminemment*, *minimum*, peuvent devenir illisibles. C'est un des inconvénients de ce genre d'écriture, d'ailleurs très-gracieux, et beaucoup plus expéditif que la bâtarde, parce qu'il s'exécute presque sans lever la plume de *dessus* le papier. Nous recommandons, pour l'éviter, d'arrondir les tournants qui donnent naissance aux déliés de *m* ou de *n*, un peu moins que ne l'a fait notre graveur.

Nous donnons, Planche 7, sous les lettres C et D, des alphabets de ronde et de bâtarde, et sous la lettre E, seulement les lettres de l'alphabet de coulée qui offrent quelque différence avec celles de l'alphabet précédent. La même Planche 7 offre un alphabet de majuscules de ronde A!, et un alphabet de majuscules B commun à la bâtarde et à la coulée.

La hauteur des majuscules est, suivant quelques maîtres, égale à celle des lettres à tête. Quelques autres conseillent de leur donner un huitième en plus.

DES CHIFFRES.

Le n⁰ 5 de la Planche 7 donne la série des chiffres usités pour la ronde, et le n⁰ 6, celle des chiffres adoptés pour la bâtarde et la coulée. Nous devons prévenir, cependant, que l'usage des premiers a prévalu quand il s'agit de dresser des tableaux statistiques ou synoptiques, ou des pièces de comptabilité, où les lignes et les colonnes de chiffres sont un peu nombreuses, quel que soit le caractère employé pour l'écriture, principalement si ces chiffres sont disposés pour quelque opération arithmétique.

DE L'ÉCRITURE ANGLAISE.

Nous nous étendrons un peu plus sur cette écriture que sur les écritures précédentes, parce qu'elle est devenue d'un usage infiniment plus général. Ses qualités expéditives, qui la rendent si précieuse pour les travaux pressés, et, par-dessus tout, la simplicité de ses principes, qui la rend si facile à comprendre et à exécuter, sans exiger une pratique aussi longue et une étude aussi réfléchie du mouvement de la plume que la ronde, la bâtarde et la coulée; sa physionomie élégante et brillante, lui ont mérité cette préférence qui n'a qu'un tort, celui d'être trop exclusive, car les autres écritures, avec une physionomie différente, n'ont pas moins de charmes, quand elles sont exécutées posément par une main intelligente, et ce n'est pas sans un véritable plaisir que l'homme de goût le moins expert dans l'art calligraphique revoit les beaux exemples des maîtres que nous avons cités plus haut.

L'anglaise participe de la bâtarde par le rond ou demi-panse que forme le délié qui joint les jambages de l'*m* et de l'*n*; de la coulée, par ses grandes lettres bouclées, et surtout par la facilité due ici à la taille particulière de la plume, d'exécuter tous les déliés, toutes les liaisons, sans lui faire quitter le papier; elle tient, enfin, de l'une et de l'autre par son inclinaison. C'est une sorte d'écriture composée de ce que ces deux autres caractères ont de plus avantageux, et qu'on pourrait nommer pour cette raison une écriture éclectique. Sa rapidité tient autant à la

propriété que nous faisions ressortir à l'instant, qu'à
celle d'exécuter tous les mouvements désirables de la
plume sans être obligé de la tourner pour trouver son
délié ; comme l'exigent les écritures françaises, et en
outre d'exécuter, avec le même instrument, tous les
corps, gros ou petits, par la simple modification de
la pression sur le papier, en plus ou en moins, selon
le besoin. Mais ces qualités, en procurant de si bons
résultats, donnent naissance à des inconvénients dont
le moindre est de produire souvent une écriture parfaitement illisible, si les principes du genre ne sont
pas bien compris d'abord, et ensuite convenablement
observés. Moyennant ces deux conditions, l'anglaise,
il faut le reconnaître, devient plus rapide encore que
la coulée et demeure lisible comme la bâtarde, c'est-
à-dire presque autant que l'italique d'impression.

Ces principes, ou du moins leur analyse systéma-
tique, paraissent n'avoir été bien connus que depuis la
publication de la méthode de Mulhaüser de Genève,
adoptée et seule en usage aujourd'hui en Angleterre,
et qui sert de base à l'Art d'écrire théorique et pratique (*Penmanship Theoretical and Practical*) de
Foster.

Nous pensons qu'il faut admettre, d'après l'autorité de ces maîtres, pour éléments primitifs de la formation de la cursive anglaise :

1º *La ligne droite descendante*, c'est-à-dire tirée de
haut en bas, qui est toujours pleine (*Pl. 8, fig. 1*) ;

Ascendante, poussée de bas en haut, ou tirée de
gauche à droite, qui est toujours déliée (*fig. 2*) ;

2º *La ligne courbe ou elliptique* (*fig. 3, 4*) ;

3° *La boucle* (*fig.* 5, 6);

4° *Le crochet* (*fig.* 7, 8).

Plus un 5e dont ils ne parlent point, et que nous appellerons, d'après l'ancien langage, demi-panse (*fig.* 9).

Au moyen de ces cinq éléments, on obtient, en effet, tous les membres qui composent les lettres, le jambage, la haste, le délié, la liaison, la panse ouverte ou fermée, etc.

Observons comme principes particuliers, que la panse de *c* commence par un point (*fig.* 10), et que la boucle de *e* part un peu au-dessus de la moitié de la hauteur (*fig.* 11).

La hauteur du corps de l'écriture, ou des lettres *n*, *o*, est de treize pleins, coupés perpendiculairement (*voir* la lettre *l* de l'alphabet C, *Pl.* V). La largeur de ces deux lettres serait de huit pleins, suivant les maîtres français; les maîtres anglais leur donnent un demi-plein de *moins*, pour obtenir plus d'élégance.

L'inclinaison est de dix pleins, équivalant à 32°. Par l'effet de cette inclinaison, la longueur réelle de la lettre est de dix-sept pleins.

On donne un second corps aux lettres à tête et aux lettres à queue droite, qui sont: *b*, *d*, *f*, *h*, *k*, *l*, *p*, *q*. Les lettres à queue bouclée *g*, *j*, *y*, *z*, prennent un quart de corps en sus.

f est la seule lettre à tête bouclée dans l'écriture en gros ou en moyen; sa hauteur ne dépasse pas celle des têtes droites de *b*, *d*, *h*, etc.; *t* ne prend qu'un demi-corps, ainsi que la tête du *p*.

Mais toutes les grandes lettres se bouclent ordinairement par la tête dans l'écriture fine (moins le *d* et le *t*), et l'usage est alors de leur donner deux corps et demi.

Les espacements des lettres et des mots, en prenant *n* pour l'unité du corps de largeur, doivent être :

1 entre deux membres droits, lorsque la liaison se confond dans l'un des deux, au milieu de sa hauteur, comme *il ;*

1 $\frac{1}{2}$ lorsque la liaison s'arrondit en demi-panse à ses deux rencontres *im, ir ;*

1 entre un membre droit et une panse, comme *io, ic ;*

$\frac{2}{3}$ de *c, e, r* à *u, c ;*

$\frac{3}{4}$ entre deux panses, *oc ;*

2 entre deux mots.

L'alphabet C de la Planche 8 établi sur un cadre de construction nous dispense de nous étendre davantage sur ce qu'il importe le plus de savoir touchant les principes de l'écriture anglaise. Mais nous ne terminerons pas ce chapitre sans recommander de la manière la plus instante, aux personnes qui tendent à perfectionner leur main ou à se rendre compte rationnellement de son mouvement et de la liberté qu'il exige, de quelque manière qu'elles aient à faire plus tard l'application de ces connaissances, de bien s'exercer à tracer d'une main sûre les lettres sur un semblable appareil. L'homme qui exécute des lettres au pinceau d'après lui-même, ou au burin d'après un maître, risquera presque toujours de se trouver endehors des règles et de la vérité, s'il est incapable de faire d'une manière assez satisfaisante ; avec la plume, ce qu'il veut reproduire par le moyen d'autres instruments.

Comment, en effet, rendre parfaitement les mouvements de la plume, si on ne les comprend pas ? A plus forte raison, celui qui doit se servir de la plume même pour écrire sur un plan, sur une pièce quelconque, a-t-il besoin de savoir la manier avec un certain art.

Les exercices que nous recommandons se font très-utilement sur des tracés tout préparés qu'on vend chez les papetiers, où les lettres sont indiquées légèrement pour être suivies avec la plume, en formant les déliés et remplissant les pleins qu'ils indiquent, sans se reprendre, comme si l'on écrivait de soi-même. Il ne faut pas que l'inexpérience arrête, rende la main timide et porte à faire un même trait, si hardi et si fort qu'il soit, à diverses reprises : ce serait le moyen de perdre, sans aucun profit, son temps et son papier. Le procédé contraire ne tardera pas à produire de bons résultats.

L'alphabet A, même Planche, est destiné à jeter quelque lumière sur la construction des majuscules. Ici les principes sont un peu moins arrêtés, parce que beaucoup est laissé au goût et à l'adresse du calligraphe. Des règles trop mathématiquement combinées ne feraient que substituer, à la grâce et à l'élégance qui sont le mérite principal de ces lettres, une raideur et un froid, dont on peut prendre une idée en comparant les types de cette planche, exécutés par la gravure, avec les quelques majuscules analogues, exécutées par la typographie, qu'on peut voir sur la Planche 10.

Nous nous sommes donc borné, pour cet objet, à prendre un beau modèle d'alphabet majuscule du célèbre Tomkins, et à faire l'application à chaque lettre de nos lignes de construction ; c'est-à-dire qu'au rebours de ce que nous avons fait pour les minuscules, où l'analyse a préparé la synthèse, nous avons procédé ici de la synthèse à l'analyse.

Ces lignes rendent parfaitement sensibles les rapports communs qui existent entre telles et telles lettres, et ceux qui relient les membres de chacune.

Un second alphabet B offre, avec le précédent, de notables différences, et prouve que si la forme demeure au fond la même, la manière de la traduire peut varier beaucoup, sans cesser d'être également élégante et régulière. On conçoit que les règles manquent pour guider ces variations : c'est ce qui arrive pour tout ce qui tient essentiellement au goût.

DE LA CONSTRUCTION

ET DE L'EXÉCUTION DES TITRES, DES INSCRIPTIONS ET DES LÉGENDES.

PRINCIPES GÉNÉRAUX.

S'il est nécessaire, avant tout, qu'une page, une inscription, une légende, imprimée, gravée ou manuscrite, soit *lisible*, cette qualité, pourtant, ne suffit pas ; il faut, de plus, qu'elle possède un certain charme qui sollicite l'œil et appelle, par son intermédiaire puissant, l'esprit à se livrer à l'opération de lire, lors même qu'il y est le moins disposé. Ce charme réside dans l'heureux choix et dans l'harmonieux mélange des caractères, dans l'habileté et l'intelligence avec lesquelles les mots, les lignes, sont assemblés ou disposés. La fonte méthodique des types destinés à l'impression est parvenue à éviter une grande partie de la tâche au compositeur en lettres; toutefois, il ne faut pas croire que celui-ci n'est plus qu'une machine humaine dont la fonction se réduit désormais à mettre en ordre une besogne toute préparée, comme quand il s'agit de remonter une serrure qu'on vient de démonter. Il suffit, pour s'assurer du contraire, de comparer tel livre avec tel autre, et de voir quel prix on attache à une belle édition.

Or, si le métier du compositeur est encore plein de difficultés, malgré tout ce que le fondeur a déjà fait pour lui, en lui livrant des caractères didactiquement assortis et soigneusement ajustés, qu'on juge de celles auxquelles demeurent exposés le graveur en lettres sur cuivre ou sur bois, le sculpteur, le peintre en lettres, l'écrivain lithographe, le calligraphe, qui n'a pour instrument que des principes dont les circonstances viennent à chaque instant entraver l'application ou solliciter la violation; qui est obligé, non-seulement de composer comme l'imprimeur, mais, bien plus, de créer les types que celui-ci trouve tout préparés sous la main; qui doit les varier en demandant des modèles à tous les styles employés pendant plusieurs siècles par la calligraphie aussi bien que par la typographie, en faisant entre eux un choix arbitraire que le goût, néanmoins, puisse avouer; qui, à la simplicité extrême des combinaisons et des lignes typographiques, voit se substituer la complication des combinaisons et des lignes accidentelles qu'offrent un plan, une carte géographique, et auxquelles il faut satisfaire précisément pour obtenir cette intelligibilité qui, dans l'impression ordinaire, dépend d'abord de la rectitude.

Mais cette souplesse, cette docilité de l'écriture à la nécessité ou au goût de l'artiste écrivain, n'a pas toujours ainsi un guide normal; elle s'exerce parfois, on pourrait dire, dans le vide, notamment quand il s'agit de construire un titre, soit sur la première page d'un livre, soit sur le côté d'un dessin d'architecture, de topographie, soit en tête d'une pièce quelconque, etc.

La construction d'un titre a toujours passé pour un objet capital. Il est en effet à l'ouvrage, ce qu'est le frontispice d'un monument à l'édifice. C'est lui qui prévient le spectateur, qui le dispose d'abord favorablement ou défavorablement : il est donc indispensable qu'il possède un mérite particulier.

Si quelque chose ressemble, en apparence, à un titre, c'est une épigraphe (1); et, cependant, si le caractère de l'épigraphe peut être souvent, en effet, donné sans inconvénient au titre, il n'y a nulle réciprocité, parce que celui-ci admet une coquetterie, une élégance, un mélange de styles qui ne saurait convenir à celle-là,

(1) Non pas l'épigraphe d'un livre ou d'un chapitre, mais celle que l'on grave sur une pierre votive, un fronton, une stèle, la face d'un cénotaphe, d'un piédestal.

surtout si elle doit être posée sur un monument. La rigidité de la pierre, du marbre, du bronze, ne se prête point naturellement aux caprices que la plume, le pinceau le plus sobre, peuvent se permettre.

Nous trouvons dans le Traité de Typographie publié en 1825 par M. H. Fournier, sur la composition des titres, de sages conseils dont nous nous permettons d'extraire les passages suivants, qu'aucun de nos lecteurs ne consultera sans fruit :

« Pour qu'un titre soit bien fait et qu'il flatte l'œil, il ne suffit pas que la combinaison des différents caractères soit telle qu'elle doit être d'après les règles *de la typographie*, et que les lignes, considérées isolément, offrent toutes les convenances relatives ; il faut encore que la réunion de ces lignes présente, par une disposition agréable et bien conçue, un ensemble harmonieux..... Or, pour arriver à ce degré de perfection, il y a deux conditions essentielles à observer, ce sont : la proportion des caractères relativement au format et à leur position respective ; puis la répartition bien combinée des interlignes et des espaces.

» Il serait superflu d'indiquer les caractères à employer pour les titres dans les différents formats. La force des caractères est déterminée et par la largeur des pages et par le contenu des lignes..... Leur proportion réciproque doit toujours être réglée par le degré d'importance relative des idées exprimées par chacune des lignes. L'usage et le goût suppléeront à l'impossibilité où l'on est de donner, à cet égard, des règles positives et invariables, à cause de la multiplicité et de la diversité des circonstances qui peuvent se présenter.....

» Les distances des lignes entre elles doivent aussi être proportionnées au nombre de lignes du titre, mais toujours de façon que les différentes parties dont il se compose soient bien distinctes, et que leur séparation soit indiquée par un blanc un peu plus fort.....

» Lorsqu'un titre est chargé, c'est-à-dire quand la matière est abondante, il faut, pour le simplifier à l'œil, ne mettre en lignes saillantes et détachées des autres que les mots qui doivent indispensablement ressortir, et réduire en sommaires les parties d'un intérêt secondaire, telles que les développements du *titre* placé ordinairement sous la rubrique d'un de ces mots : *précédé*, *accompagné*, *suivi*, etc. Cette méthode a le double avantage de conserver les espaces nécessaires, et de faciliter la lecture en réunissant dans un seul caractère un certain nombre de lignes, qui, étant distinctes l'une de l'autre et paraissant offrir chacune un intérêt particulier, fatigueraient et la vue et l'esprit.....

» Dans le cas contraire, c'est-à-dire lorsque la rédaction en est naturellement simple et brève, alors il est permis de multiplier les lignes ; cette nudité apparente, lorsqu'elle est déguisée avec art, devient une simplicité noble, que l'homme de goût apprécie et recherche.....Pour que la page présente une forme plus agréable, il est permis de mettre en ligne perdue, soit l'article *le*, *la*, *les*, qui peut précéder le *titre*, soit la particule conjonctive *de*, ou la préposition *par*, qui lient deux parties de phrase, soit la conjonction *ou*, qui est le signe d'un double titre.....

» Les mots qui servent à distinguer les différentes périodes du titre, tels que *précédé, accompagné, suivi*, et autres également en usage, se mettent ordinairement en lignes perdues ; et comme ils ne servent qu'à indiquer la transition d'une partie à une autre, on peut se servir, pour les composer, de petites capitales très-fines.....

» Lorsqu'une ligne, dont l'importance dans un titre exige qu'elle soit présentée d'une manière très-saillante, contient trop de lettres pour entrer dans la *justification*, soit à cause de la longueur des mots dont elle se compose, soit par leur trop grand nombre, il vaut mieux allonger un peu la justification, si toutefois cette licence suffit pour donner à la ligne une apparence convenable. »

Les instructions du ministère de la guerre entrent dans des détails beaucoup plus minutieux, tout en reconnaissant aussi la difficulté d'assigner des règles précises. On en trouvera un extrait au chapitre *du Choix des Caractères*.

A tout ce que dit l'intelligent auteur du traité que nous venons de citer, il conviendrait d'ajouter quelques observations sur l'emploi des lignes courbes et des traits que les artistes en lettres ont pris l'habitude de multiplier dans les titres, suivant en cela l'exemple donné par les Anglais ; mais ces observations se rencontreront peut-être plus opportunément dans les paragraphes qui traiteront de la construction de ces membres, véritables licences dont l'introduction ne remonte pas chez nous au-delà d'une trentaine d'années, qui ont concouru sans doute à donner à certaines pièces une élégance qu'on ne soupçonnait pas, mais dont il est d'autant plus facile d'abuser, qu'on ne saurait les astreindre à aucune règle.

Les Anglais étant, comme nous venons de le dire, les inventeurs et les propagateurs de ce goût nouveau, c'est à eux que nous demanderons les théories nécessaires pour guider nos lecteurs dans tout ce qui tient à la composition, à l'économie et à la construction des titres et autres lignes d'écriture pour toutes sortes d'usages.

MÉTHODE ANALYTIQUE ET MÉCANIQUE

POUR DISPOSER ET TRACER UN TITRE AU MOYEN DE LIGNES DE CONSTRUCTION.

L'artiste écrivain chargé de la composition d'un titre fera méthodiquement ses opérations dans l'ordre suivant :

Le texte étant donné,

1º Il arrêtera avant tout, soit d'après son goût, s'il dispose d'une page, d'une surface entièrement libre, soit d'après l'espace qui lui est réservé, s'il écrit sur un dessin ou sur une feuille déjà occupée en partie par d'autres objets, celui que doit remplir son titre en hauteur et en largeur : c'est ce qu'on appelle la justification. Cette justification ne peut, sous aucun prétexte, dépasser celle de l'ouvrage même, s'il s'agit d'un livre, d'un recueil de planches ou dessins; mais elle peut être plus restreinte et se dispenser d'en suivre la forme,

2º Il fixera le nombre des lignes qu'il convient de donner au titre, d'après la distribution préalable du nombre des mots ou des phrases de sa matière : cette répartition est ce qu'on nomme : l'économie du titre.

3º Il déterminera par aperçu, d'après l'importance relative de la matière qui doit former une ligne, et d'après la valeur à donner à tel ou tel mot, eu égard aux autres, le style et la force du caractère à employer tant pour ce mot que pour le reste de la ligne.

4º Ces bases convenues, et la matière suivante, donnée pour exemple, étant déjà distribuée ainsi en idée :

Etude
d'un
nouveau projet
pour
l'achèvement et la réunion
du
Louvre et des Tuileries,

l'artiste tracera sommairement, sur le papier, l'essai de son titre, en figurant l'intervalle de chaque mot par un point tenant lieu d'une lettre intermédiaire. (*Voyez*, ci-après, *pages* 96 et 97, les observations, sur l'espacement des capitales romaines, et *Pl.* 9, la figure **B**.)

5º Ceci fait, il calculera exactement, d'après la justification du titre définitif, la hauteur et les distances de ses lignes de texte, et il tracera légèrement au crayon ses lignes de construction, savoir : d'abord une centrale verticale qui sera l'axe du texte, puis horizontalement, ou suivant les courbes qu'il croira devoir adopter, trois ou cinq lignes parallèles pour chaque ligne d'écriture, dont deux pour régler la hauteur des lettres, une pour marquer le milieu de cette hauteur, et les deux autres pour l'épaisseur des consoles, s'il se sert du caractère à consoles (alph. **B**, *Pl.* 1; F, G, H, I, K, L, *Pl.* 5); les brisures, s'il emploie le caractère gothique prismatique (alph. **C**, *Pl.* 3), ou l'épaisseur des barres, s'il use du caractère dit égyptien (alph. **C** et **E**, *Pl.* 2). Voyez *Pl.* 9, *fig.* C.

6° Les lignes tracées, il s'occupera du placement des lettres et points, en posant d'abord la lettre centrale de chaque ligne sur l'axe du titre (1), puis, à la distance convenue, celle qui vient après, allant du centre à l'extrémité, et ainsi de suite pour chacun des deux côtés et pour chaque ligne.

7° Lorsque toutes les lettres sont ainsi placées au crayon, on peut les passer à l'encre s'il s'agit d'une pièce à exécuter à la plume, ou les décalquer sur la planche s'il s'agit d'un titre à graver.

Observations.

1re. Chaque intervalle de mot, dans les beaux titres connus, est censé occupé par une lettre (N), chaque ponctuation par deux lettres.

2e. La lettre centrale d'une ligne est donnée conséquemment, non par le seul compte des lettres à écrire, mais par l'addition des lettres, points, virgules ou intervalles blancs de la ligne, dont la somme

(1) On a omis de tirer cette ligne centrale aux figures B et C, mais l'intelligence du lecteur suppléera facilement à cette omission.

se divise ensuite en deux parties. Ainsi, dans la figure C de la Planche 9, c'est U qui est la lettre centrale de la première ligne, et, dans les autres, l'axe du titre passe tantôt entre deux lettres, tantôt entre deux mots.

3e. Il peut donc n'y avoir point de lettre centrale si le nombre des lettres, y compris les intervalles, est pair.

4e. Il y a, d'ailleurs, des mots :

KING S TOWN,
MEM P HIS,

ou des lignes dont les deux moitiés sont impondérables par suite de trop grandes différences dans le volume des lettres, et dont la distribution offre des difficultés que nous avons entrepris de lever au paragraphe *des méthodes pour déterminer l'espacement des lettres.*

5e. Les lignes courbes de construction ne pouvant être que des segments de cercles (1), doivent, pour être régulières, se tracer au compas, et avoir leur centre sur le prolongement de la verticale centrale ; l'axe de chaque lettre doit être un rayon de ce cercle, c'est-à-dire qu'en le prolongeant indéfiniment, il doit nécessairement passer par le centre du cercle. Les hastes ou jambages de la lettre doivent être parallèles à cet axe ; et non tendre aussi vers le centre (*Pl.* 3, *fig.* 6 et 8).

6e. Des règles que nous venons de poser, on conclura que les caractères *italiques* seront toujours employés avec peu de bonheur pour les lignes courbes, parce que l'inclinaison obligée de leurs membres

_____

(1) Nous parlerons autre part des lignes *ondulées.*

montants les écartant nécessairement du rayon, les lettres semblent avoir peine à se maintenir sur le dos de la courbe.

7e. Il n'est pas un de nos lecteurs qui ne sache qu'on entend par lignes parallèles, des lignes qui, prolongées sans fin, seront toujours, dans toutes leurs parties, également distantes l'une de l'autre. (*Voyez*, ci après, GÉOMÉTRIE, définition, *pages* 146 et suiv.)

Les parallèles sont courbes ou droites.

Les lignes parallèles courbes se tracent simplement d'un centre commun avec le compas, qu'on ouvre ou qu'on referme selon la nécessité. Si le centre changeait pour l'une ou pour l'autre, elles ne seraient plus parallèles, car toutes leurs parties ne seraient pas à égale distance.

Le tracé mécanique des lignes droites parallèles se fait de plusieurs manières : 1o au moyen de la règle appelée T dont se servent les architectes, et dont la tête à rainure se glisse, selon le besoin, le long du bord de la planche, de la pierre ou du carton sur lequel s'exécute le dessin où est tendue la feuille de papier. Mais il faut être certain que ce côté est parfaitement dressé et d'équerre, et que les parallèles qu'on a à tirer sont perpendiculaires, autrement l'opération ne produirait que des lignes obliques.

2o Au moyen d'une équerre à trois côtés, dont l'un s'ajuste très-exactement sur la première parallèle, tandis que la base du triangle s'appuie sur une règle le long de laquelle on fait glisser légèrement l'équerre, jusqu'à ce qu'on ait rencontré le point où doit être tirée la parallèle suivante, et ainsi de suite jusqu'à ce que l'équerre se trouvant trop descendue, oblige de se remettre en position convenable.

5° Au moyen d'une règle à parallèles, laquelle est composée de deux petites règles, assemblées par des attaches à pivots, qui permettent, en maintenant fermement la règle inférieure avec la main ; après qu'on a donné à l'instrument la position convenable, de faire manœuvrer l'autre à volonté ; sans qu'il lui soit possible de cesser d'être parallèle à la première.

8°. Lorsqu'il n'est pas possible, pour une cause quelconque, de tracer une courbe au moyen du compas, et que la main n'a pas la sûreté suffisante pour la tracer régulièrement sans instrument, les praticiens ont recours à un autre moyen, dont l'extrême habitude peut seule assurer l'exactitude. Il consiste à poser sur champ une petite lame flexible d'acier, à laquelle on imprime avec la main, ou par le moyen d'un fil, la courbure convenable, qu'on suit avec un crayon, comme une règle. L'emploi du fil *fixateur* n'est praticable que pour un segment de cercle : on n'y peut recourir pour une ligne ondulée. La première courbe une fois obtenue, il est assez facile de tracer à la main la parallèle dont on a besoin. Néanmoins, les personnes qui se défieraient de leur adresse peuvent s'aider en divisant au compas la, ou les courbes données, en un nombre de sections, les plus courtes qu'il sera possible, et tirant ensuite au centre, de chaque point, un rayon sur lequel elles marqueront, par le moyen du compas, les points correspondants par où doit passer la parallèle. Si peu exercée que soit la main, elle réussira à conduire, par tous ces nouveaux

points qui lui serviront de jalons, une ligne suffisamment correcte.

9° Les personnes peu familières avec la géométrie
sont très-embarrassées pour trouver le centre d'une
courbe qu'elles ont à reproduire. Voici l'opération
(*Pl. 3, fig. 7*) :

Soit la courbe donnée *a b* (qui peut n'être qu'une
fraction d'une courbe plus grande). On prend son milieu exact, au compas, en plaçant d'abord la pointe du
compas, ouvert à volonté, sur *a*, et décrivant, au-dessus ou au-dessous de la courbe, le petit arc *i*. Puis,
en reportant la pointe du compas sur *b*, sans changer
l'ouverture, on décrit *l* qui coupe *i*. De la même ouverture de compas, ou d'une moindre, si le défaut
d'espace l'exige, on trace des mêmes points et par
les mêmes procédés, de l'autre côté de la courbe, *f'*
et *e'* qui se coupent pareillement. Faisant alors passer
une ligne droite *d e* indéfinie par les points d'intersection de ces petits arcs, on a divisé la courbe donnée
en deux parties parfaitement égales. *c* sera le milieu
de l'arc *a b*, et *d e* comprendra *c j*, le premier rayon
trouvé du cercle.

On tire ensuite l'une ou l'autre des deux cordes *a c*
et *c b*, dont on prend également la moitié, en répétant
sur elle l'opération que nous venons de décrire. Les
lignes droites *f g* ou *h i* seront deux autres rayons qui
couperont nécessairement la ligne *d e* en un même
point *j*, lequel sera le point central cherché.

DES TRAITS.

Nous avons eu occasion déjà de parler de la mode qui s'est introduite de mélanger, dans certains cas, des traits avec toute espèce de caractère d'écriture, sans excepter les caractères romains, dont la forme rigide et monumentale semblait se refuser absolument à ces ornements parasites, et l'on a vu plusieurs exemples de ce mélange dans les modèles de titres qui composent les Planches 11 et 12. Nous avons montré, d'autre part (*Pl. 4*, alph. A majuscule), que ces jeux de la plume font une partie intégrante de la construction des lettres capitales de la fausse gothique, qu'elles soient exécutées par la plume du calligraphe, par le burin du typographe, ou par le pinceau du peintre-écrivain. Il nous reste à donner quelques modèles spéciaux et à poser quelques principes d'application ou de construction.

Nous avons consacré la moitié de la Planche 9 au premier de ces deux objets, où sont représentées les meilleures formes en usage. Les personnes qui se rappellent les anciens modèles, reconnaîtront sans peine que le système de composition est complètement changé. La nature de ce petit ouvrage n'exige pas que nous nous étendions à ce sujet au delà d'une simple remarque.

Quant aux règles, il en est plusieurs générales, desquelles il n'est pas permis de s'écarter.

Première règle.

Il est nécessaire que les ornements exécutés sur un côté d'un mot, d'une ligne, d'un groupe quelconque d'écriture, soient reproduits comme masse, et même comme détails sur le côté opposé. Voyez spécialement la figure 5 de la planche 3, et pour l'application, les modèles de titres des planches 11 et 12.

Deuxième règle.

Les traits doivent être exécutés avec une parfaite liberté, ou avec l'apparence au moins d'une parfaite liberté de main; n'offrir jamais comme ondulation plus d'une double courbure; se renfler avec grâce, sans brusquerie, vers le milieu de la portée de la plume; éviter avec le plus grand soin les courbes cassées et toute espèce de ligne droite ou angulaire. Il n'y a d'angles admis que ceux formés par des traits qui se croisent; mais dans ce cas même l'angle droit est proscrit.

Troisième règle.

Quelque richesse qu'on veuille donner à un titre, à un frontispice, à une pièce quelconque, par l'emploi des traits, il faut toujours en user avec une certaine sobriété; prendre garde qu'ils ne deviennent la partie principale et ne cherchent ambitieusement à attirer, par un luxe ou une hardiesse déplacée, les regards du spectateur, aux dépens de l'écriture, ce qui serait un contre-sens. Leur rôle est de lui prêter de l'harmonie, de la relief, de la parer, non de la cacher ou de l'étouffer.

Quatrième règle.

Le style de ces ornements sera toujours approprié à celui des caractères qu'ils doivent accompagner, à la place donnée, au degré de finesse ou de fini du travail artistique qui peut se trouver en regard, lorsque, par exemple, le titre, la légende, etc., est placé sur un plan, une carte ou autre œuvre analogue. Il en est même d'où le bon goût les exclut entièrement. On ne se livrerait pas raisonnablement à ces espèces d'agréments sur la copie d'une épitaphe, sur un projet de tombeau, sur le frontispice d'un sujet élégiaque et autres matières graves; mais il est difficile de définir d'une manière positive de semblables questions. Disons seulement qu'on ne risquera jamais d'être blâmé pour avoir été avare de ces sortes de fioritures, et que leur luxe au contraire est souvent répréhensible.

Nous avons signalé comme une qualité indispensable à l'agrément des traits, le jeu facile de la main. Cette facilité d'exécution par un seul mouvement de la plume peut s'acquérir assez aisément par l'exercice, mais elle se perd promptement aussi dès que la pratique cesse d'être habituelle. Les plus beaux exemples de traits ont été exécutés de cette manière, c'est-à-dire à main levée; ils ont un charme que n'offriront jamais des traits exécutés à main posée et à plusieurs coups. Cette qualité indispensable à un calligraphe, est rare et peut-être impossible chez l'artiste qui écrit lui-même son plan, chez le graveur, chez le peintre, chez le lithographe ; leur plume, leur pinceau ou leur burin, ne peut que *dessiner* les traits, et non les jeter ; il est donc nécessaire d'apprendre aux mains les moins exercées les procédés mécaniques au moyen desquels elles réussiront à les tracer méthodiquement, soit d'après des modèles, soit en les composant immédiatement.

Toutefois, la main, pour pouvoir se dispenser, par des procédés mécaniques, de la complète liberté du calligraphe, n'en a pas moins besoin de posséder une certaine souplesse et une certaine intelligence d'exécution qu'elle n'acquerra suffisamment qu'en s'efforçant d'abord d'imiter hardiment, sans hésitation, les exemples que nous lui offrons. Nous dirons même que pour bien comprendre les *dégagements* et la place des *renflements*, il faut avoir pratiqué quelque peu, au moins sommairement, avec la plume. C'est ce que nous avons déjà observé au sujet de l'écriture. Nous répèterons encore qu'on aurait tort de se laisser décourager à ce propos par le peu de résultat des premiers essais. Ce que nous demandons, au reste, à l'élève qui s'y livrera, c'est moins de chercher à atteindre la pureté de l'exécution, que de se familiariser avec la forme, la figure et le mouvement du trait qu'il copie ; le surplus se fera sentir de lui-même, pourvu que la main ne soit pas par trop timide.

Nous devons faire remarquer à cet élève, que l'expression *à main levée* n'indique pas que l'avant-bras doit cesser de poser sur la table ; le petit doigt même demeure légèrement en contact avec le papier sur lequel il glisse, en faisant à peu près l'office d'une roulette posée sous le bout du levier où est, pour ainsi dire, emmanchée la plume, afin de le soutenir et de régler sa marche, de manière que la plume, tenue à fleur de papier, n'appuie ou ne se soulève qu'à volonté, tandis que l'autre bout du levier, pivotant sur lui-même, marque le centre naturel des courbes que la plume décrit *sans se presser ;* une sage lenteur est même indispensable.

Pour tirer des traits, on doit préférer les vieux restes de plume ou *trognons,* en terme d'écolier, qu'on taille à bec trapu, avec une fente un peu longue, pour qu'il puisse offrir de la flexibilité sans mollesse ; mais si les côtés ou carnes du bec étaient trop longs, la plume cracherait.

Les personnes qui, malgré ces exercices, demeureront incapables de jeter de beaux traits sans être guidées, trouveront les moyens de suppléer à la hardiesse ou à l'habitude qui leur manque, dans l'emploi de lignes de construction. On tire à cet effet, sur le tracé qu'on veut copier (aussi légèrement qu'il est possible, afin de pouvoir effacer aisément), d'abord un cadre général qui enveloppe la figure dans son ensemble ; puis, intérieurement, de tous les points tangents ou autres points principaux qu'on juge le plus nécessaire de préciser, des lignes tant verticales qu'horizontales, se coupant entre elles à ces points, ou coupant au moins celles du cadre (voyez *fig.* 9 et 10, *Pl.* 3), de manière que tous ces points d'intersection forment des points de repère par lesquels passent les parties principales de la figure originale. Donc, en traçant un cadre ou châssis semblable sur le papier ou la planche qui doit recevoir la copie, et en faisant passer le trait de celle-ci par les mêmes points, on reproduira exactement la forme du modèle, sinon la grâce, que l'expérience et la liberté de la main peuvent seules donner ensuite.

On comprendra sans doute que l'opération, au lieu de se borner à un simple trait, comme l'exemple que nous donnons, peut embrasser un groupe plus ou moins considérable, et servir aussi soit à grandir, soit à réduire proportionnellement l'objet qu'on veut reproduire, selon qu'on augmentera ou qu'on diminuera, dans une proportion convenue, le cadre et les divisions du châssis qui doit servir à la copie. Les peintres et les graveurs appellent cette méthode, *copie* ou *réduction au carreau.*

Ces procédés, pour tracer des traits, sont longs et pénibles, surtout lorsque les figures se multiplient et se compliquent ; mais le lecteur, ainsi mis sur la voie, en trouvera de plus simples, de plus expéditifs et de mieux appropriés à ses besoins ou à ses convenances personnelles ; les meilleurs seront toujours ceux qu'on aura imaginés soi-même. Nous nous dispensons, par ce motif, d'entrer dans des détails plus multipliés.

Quand la figure est faite sur un côté du titre (*fig.* 5), et qu'il s'agit de la reproduire exactement en regard au côté opposé, soit dans le sens direct, soit en contre-épreuve (au rebours), on ne peut recourir à une méthode plus sûre et plus accélérée à la fois que celle du décalque. Cette méthode consiste à prendre d'abord le calque de la figure exécutée, dégagée des lignes de construction, sur un papier transparent, tel, par exemple, que le papier glace, le papier végétal, verni, ou tout autre; puis on transporte ce calque à la place où doit s'exécuter la contre-épreuve.

Le calque sur papier glace ou sur le papier verni se fait avec une pointe mordante, et sur les autres papiers transparents, avec la plume ou le crayon. Si le décalque doit être fait dans le sens direct, on pose sous le calque un autre papier noirci en-dessous avec de la mine de plomb ou rougi avec de la sanguine en poudre, puis l'on repasse avec une pointe-mousse sur tous les traits du dessin. Si l'objet doit être reproduit à rebours, on retourne le calque et l'on suit avec la pointe-mousse les traits du dessin sur son envers. Mais, quand on s'est servi de papier glace, on simplifie cette opération en passant préalablement sur sa surface dessinée, avec un petit tampon, de la poussière de sanguine, de céruse ou de mine de plomb, qui s'attache dans les entailles faites par la pointe tranchante, et s'en détache sur le nouveau dessin sous une pression suffisante. On conçoit que ce procédé exclut l'interposition d'un papier coloré. On peut obtenir des décalques d'une manière analogue, de calques tracés sur papier végétal avec du crayon suffisamment tendre pour se détacher en partie sous l'effet d'un frottement fait avec un manche de couteau d'ivoire, ou tout autre corps poli, carré ou arrondi.

DE LA DIRECTION

DES LIGNES D'ÉCRITURE SUR UN PLAN.

Ce que nous allons dire de la direction à donner aux lignes d'écriture qui se tracent sur un plan, doit s'entendre de toutes les autres circonstances auxquelles nos observations pourront s'appliquer dans la pratique. Nous laissons à l'intelligence du lecteur le soin de faire cette application, afin de ne pas nous étendre indéfiniment.

Nous avons déjà parlé des lignes d'écriture droites ou courbes; des procédés dont on peut faire usage pour les construire, et de tout ce qui concerne le placement et la distribution des lettres; nous éviterons, autant que possible, les redites, pour ne nous occuper que des cas qui doivent faire préférer ou qui rendent indispensable l'une ou l'autre espèce de lignes.

Le plus ordinairement, la majeure partie de l'écriture posée sur un plan d'un certain développement, qu'il s'agisse d'un plan d'architecture ou d'un plan topographique, peut être disposée horizontalement. C'est la disposition la plus commode pour le lecteur, surtout parce qu'étant la seule usitée pour tous les ouvrages écrits ou imprimés, elle est pour lui la plus familière, et que le seul fait d'un changement de direction cause toujours, au premier aspect, un certain embarras pour l'œil avide de saisir et de comprendre ce qu'on lui offre.

L'écriture, sur le premier de ces plans, a pour

mission d'indiquer des *distributions*, des *étages* et des *destinations*; il est rare que la place manque ou qu'elle se configure de manière à rendre impossible le développement de la ligne droite. Seulement, quelquefois, la direction, s'il s'agit d'un corridor, d'une galerie, d'une avenue, suivra la direction de l'axe de cette partie. Les indications métriques sont nécessairement dans le sens de la dimension qu'elles donnent, mais toujours aussi en lignes droites.

L'écriture, sur les plans de la seconde espèce, marque des noms de *fermes*, de *propriétés*, de *cultures*, de *marais*, de *lacs*, de *villes* ou de *villages*. Il y a peu de raisons encore généralement pour que les lignes cessent d'être droites, et généralement horizontales.

Lorsque ces dernières se répètent, il est indispensable de les assujétir au parallélisme ; son absence est un désordre.

Afin d'assurer sans peine la régularité sous ce rapport, l'écrivain, s'il ne peut faire usage du T, doit prendre la précaution de tracer tout d'abord avec le crayon, à travers le dessin, un nombre arbitraire de grandes parallèles qui lui serviront de guides. Il partira de ces lignes dirigeantes pour tracer ses lignes d'écriture, avec l'équerre ou la règle à parallèles, aux places convenables. (*Voy.* page 80.)

Plus les plans topographiques se réduisent d'échelle ou se compliquent, plus les occasions d'employer les lignes courbes se multiplient.

1° Il est favorable à l'harmonie que l'écriture qui se rattache à une délimitation contournée, en épouse plus ou moins le mouvement, autrement elle paraîtrait raide et disposée à venir se heurter contre les saillies du contour. La règle s'applique aussi bien à une ligne écrite dans l'intérieur d'une figure topographique, qu'à celle qui doit être tracée extérieurement. Les deux figures F *f* de la Planche 9 nous dispensent de toute démonstration. Il n'est pas un lecteur qui ne reconnaisse, sur-le-champ, tous les avantages de la ligne ondulée sur la ligne droite, dans le cas donné, et tout autre analogue. *Voyez*, en outre, ce qui est dit au chapitre suivant : *Observations sur l'emploi des lignes courbes*, au sujet de la figure D de la Planche 9.

2º Il est favorable à la clarté, que sur un plan cadastral, un terrier, où se montrent des pièces, des héritages, des territoires, dont il est important de bien saisir les configurations, les tenants et aboutissants, la direction de l'écriture serve, autant que possible, d'auxiliaire au tracé du géomètre, pour faire reconnaître à la première vue, sans fatigue, l'étendue, les confinants, les propriétaires de chaque pièce ou de chaque division.

3º L'emploi de la ligne d'écriture courbe, simple ou ondulée, est commandé encore sur les cartes géographiques ou topographiques, par les sinuosités des rivières, lacs, détroits, passages, routes et autres voies ; cependant, nonobstant ce que nous avons dit dans notre premier paragraphe, il arrive souvent, lorsque ces cartes offrent plusieurs états, ou un état divisé en plusieurs sections, districts ou départements, qu'un écrivain judicieux préfère disposer ses noms en lignes droites, qui, par l'effet de leur contraste avec la multitude de courbes de toutes sortes dont la carte est couverte, attirent l'œil plus fortement.

4º La ligne courbe, enfin, est considérée comme utile par le goût actuel, même en l'absence de toutes les nécessités que nous venons d'indiquer en abrégé, pour jeter de l'élégance dans l'écriture d'un plan ou d'une carte, ou pour ôter aux titres et autres pièces d'apparat le froid et la monotonie que leur donneraient un certain nombre de lignes parallèlement droites. On verra, toutefois, par les sept exemples Planche 10, qu'il est possible d'obtenir de la seule variété des caractères et des corps, des compositions très-agréables et très-élégantes.

5º La ligne courbe doit être sévèrement proscrite de l'épigraphie monumentale et de tout ce qui a la prétention de la rappeler, d'abord par le motif qui en doit faire exclure les caractères à formes molles (*voy.* plus haut, *page* 73), tiré de la rigidité de la matière, ensuite parce qu'une épigraphe, tracée sur la pierre ou le marbre, emporte toujours une idée grave incompatible avec la fantaisie, car le fait seul du choix du subjectile, indépendamment de ce qu'on se propose d'y écrire, imprime ce caractère de *gravité*, puisqu'il ne s'agit de rien moins que d'une transmission aux générations à venir, c'est-à-dire à la postérité. On doit donc être à la fois simple dans les moyens, concis dans l'expression, sobre de paroles. Ce genre repousse tout ce qui est fleuri, parce que tout ce qui rappelle l'idée des fleurs rappelle en même l'idée de la brièvete.

OBSERVATIONS

SUR L'EMPLOI DES LIGNES COURBES.

La ligne d'écriture courbe doit, nous le répétons, ou épouser ou envelopper la forme de l'objet auquel elle sert d'indication, mais non le contrarier. Il y a cependant, quelquefois, quand l'espace est libre, de la grâce à opposer une courbe concave à une autre courbe concave, ainsi qu'on le voit *Pl. 9, fig.* D, *d*; mais on ne saurait opposer avec goût une courbe convexe à une de même espèce, ni même une ligne droite.

La courbe irrégulière et ondulée ne peut s'employer avec succès, que lorsqu'elle est en quelque sorte commandée par une force majeure, comme lorsqu'on veut indiquer la direction d'un courant ou la marche des navires dans un golfe ou une rade, ou par une forme irrégulière, entre les accidents de laquelle l'écriture doit, pour ainsi dire, serpenter pour éviter de s'y heurter.

Règle générale, l'emploi de la ligne ondulée n'est suffisamment justifié que lorsqu'elle se trouve encadrée réellement ou qu'elle est censée l'être, ce qui arrive, entre autres cas, lorsque, sur une carte, l'écriture suit le cours d'une rivière ou d'une route, dont un des bords est seul apparent.

Si on s'en sert arbitrairement dans un titre, où rien ne la commande ou ne l'appelle expressément, il faut alors avoir soin de lui donner l'encadrement indispensable, soit nettement avec des parallèles, soit avec des groupes de traits qui en font l'office (modèles 2 et 3, *Pl.* 12). Sans cette précaution, l'ensemble devient lâche et désordonné.

Pour l'application de la courbe régulière, nous supposons le profil ou contour de la figure D, *Pl.* 9.

Si le mot Afrique pouvait être écrit en-dedans, il resterait à choisir entre la ligne droite et la ligne courbe. D'après ce que nous avons dit tout-à-l'heure, nous n'emploierions pas la première, à moins qu'elle ne pût être placée horizontalement; mais le défaut d'espace ne le permettant pas, nous ferions donc décrire à notre légende une courbe dont le centre serait du même côté que celui du golfe, et après avoir projeté à la main la courbe qui nous paraîtrait la plus gracieuse et la plus convenable à la fois, nous en déterminerions le centre par les procédés indiqués *Pl.* 3, *fig.* 7, et *page* 82.

Mais s'il y a nécessité d'écrire en dehors, la ligne horizontale n'est plus possible, parce qu'ayant plus d'importance que la portion de terrain, elle semblerait s'appliquer à la mer. La ligne droite verticale qui ferait comme la corde d'un arc, serait disgracieuse, et la courbe interne qui affecterait plus ou moins le parallélisme avec celle du golfe, outre qu'elle n'y réussirait pas, serait contre les usages reçus, qui ne permettent pas, surtout dans le sens vertical, de faire suivre par l'écriture les sinuosités concaves d'un plan. La courbe sera donc opposée à celle du plan.

Le principe arrêté, nous la traçons comme on le voit sur le modèle, par deux parallèles *a*, *b*, *c*, *d*, décrites d'un même centre *e*, qui nous donneront la hau-

teur de nos lettres; puis, après avoir calculé, d'après la
longueur que nous voulons donner à la ligne d'écriture, l'espacement de nos sept lettres (voyez ci-après),
nous posons la lettre centrale I sur le rayon *e f*, et
nous marquons avec le compas, par des points, successivement, la place que doivent occuper les six autres lettres, d'abord à gauche de I, puis à droite, et
par ces six points nous tirons du centre *e* des tronçons
de nouveaux rayons qui seront les axes des lettres
(*Voyez* ci-dessus *pages* 81 et 82; et *Pl.* 3, *fig.* 6); et
cela fait, nous tracerons ou nous écrirons notre mot.

DE L'ESPACEMENT DES LETTRES ET DES MOTS.

§ Ier. ÉCRITURE MOULÉE, OU ROMAINE D'IMPRIMERIE.

Nous voudrions pouvoir commencer ce chapitre par
l'exposition de règles certaines sur l'espacement des
lettres, mais nous n'avons pu découvrir rien de con-
cluant à ce sujet dans les quelques traités que nous
avons parcourus, les belles éditions de l'imprimerie
royale, et les autres que nous avons cru devoir consulter.

Les modèles de construction des lettres que nous
avons donnés *Pl.* 1 et 2, ne doivent pas être inter-
rogés sur ce point.

Voici, au milieu des variations nombreuses, ce qui
nous a paru s'approcher le plus d'une règle générale.

Pour les capitales romaines, l'espacement normal (*page* 78) est ordinairement de la largeur de N contigu aux deux lettres de droite et de gauche, ou au moins, des $\frac{8}{10}$ de N. Pour les minuscules, il est un peu inférieur à l'écartement des jambages de m.

Toutes les lettres qui ont des jambages droits, comme H, M, N, U, doivent être à égale distance entre elles, néanmoins cette distance est plus grande quand deux pleins se trouvent opposés, ce qui arrive lorsque MI, IH, AV, se rencontrent, que quand ce sont deux filets comme dans UN, VA. Les lettres à panses doivent être plus rapprochées entre elles du côté convexe (à peu près dans la proportion de 3 $\frac{1}{2}$), OC, DO, parce que leur forme fuyante les éloignant par les extrémités, il est nécessaire d'opérer une sorte de compensation qui, en effet, efface à l'œil la différence d'espacement, et par la même raison les lettres coniques A, V, Y, doivent se rapprocher des lettres à hastes ou à jambages droits, par l'extrémité excentrique de leurs membres divergents. On dit de ces lettres et de celles à panses, qu'elles *portent du blanc.*

On reconnaîtra encore qu'il y a une différence essentielle à faire entre l'approche de TT et de FT, qui tendent à se toucher par un seul point au sommet, et se fuient par le pied, et celle de FA, de RT ou de LY, où l'une des deux lettres semble vouloir venir s'engager dans le vide de l'autre. On voit donc l'impossibilité effective qu'il y avait à tracer des règles générales.

Le caractère italique exige moins d'espacement que e caractère romain, parce qu'il tient davantage de l'écriture.

La coutume est d'espacer les caractères gothiques de même que les minuscules romaines. Nous avons dit que sur les monuments, loin d'en recevoir, ils adhéraient les uns aux autres. Plus on les exécutera rapprochés, mieux ils se rapprocheront aussi du style original.

Les nécessités peuvent contraindre l'imprimeur à modifier en plus ou en moins les proportions que nous essayons d'indiquer. Les éditions dites compactes, dont e présent texte offre une sorte de spécimen, y dérogent complètement en se resserrant par fois outremesure. Pour les caractères exécutés à la main, la liberté est bien plus grande encore, surtout parce que l'écrivain n'est pas esclave de son instrument, comme l'imprimeur de ses types. Il peut donc écarter ou comprimer ses lettres à volonté, mais avec la précaution, une fois son espacement ordinaire fixé, d'y coordonner proportionnellement toutes les variations que les différentes lettres du même corps peuvent exiger. Ajoutons qu'il jouit encore de la faculté de varier ses espacements à chaque ligne. Le goût est sa seule règle sur ce point.

L'espacement des mots est presque entièrement soumis à l'arbitraire, même en typographie. Le ministère de la guerre, qui prétend tout discipliner comme un régiment, ordonne, néanmoins, que « les intervalles entre les mots seront *au moins* égaux à la hauteur du corps de l'écriture, lorsqu'il n'y aura point de ponctuation, et qu'ils seront de deux hauteurs, lorsqu'il y en aura. » Nous préférons, d'après l'autorité des meilleurs typographes, la moyenne indiquée page 78, *observation* Ire.

§ II. CARACTÈRES CALLIGRAPHIQUES.

Des Lettres et des Mots.

Nous avons donné ce qu'il nous a été possible de recueillir des différents maîtres français et anglais, dans le paragraphe relatif à chaque genre d'écriture.

Des Lignes.

Pour les caractères en gros, l'interligne doit être calculé de manière qu'il se trouve un demi-corps d'espace entre les queues de la ligne supérieure et les têtes de la ligne inférieure ; autrement elles pourraient tendre à se rencontrer, ce qui produirait un effet on ne peut plus désagréable.

L'interligne sera donc de deux corps et demi entre deux lignes de bâtarde titulaire, et de trois corps et demi entre celle de coulée, de ronde et d'anglaise.

La dimension des queues augmentant au fur et à mesure que le caractère diminue, les interlignes suivront nécessairement la même progression.

§ III. MÉTHODES POUR L'APPLICATION DES RÈGLES.

Un des premiers soins de l'écrivain devant être de calculer et de régler ses espacements, le procédé le plus simple, celui qui vient à l'esprit d'abord, et dont nous avons fait la démonstration dans la planche précitée (*fig.* D), consiste à diviser la ligne en autant de parties qu'elle doit contenir de lettres, y compris les espaces. Il suffit parfaitement si les lettres doivent être assez distantes les unes des autres, comme cela arrive quelquefois dans un titre ou une légende, pour que les différences dont nous parlions *page* 97, restent insensibles à la vue, ou si les lettres plus resserrées se compensent à peu près de volume et de forme. Mais il n'en est pas toujours ainsi, à beaucoup près, il est positif que la lettre I occupe $^2/_3$, la lettre J, $^1/_5$ moins d'espace, et les lettres M W, $^1/_5$ plus d'espace qu'aucune autre lettre. L'effet d'une division égale serait donc d'espacer très-inégalement J I, E R, et M M.

Soient les noms de KINGSTOWN, et de MEMPHIS, N'est-il pas de la dernière évidence que si, prenant le S de l'un et le P de l'autre pour lettre centrale, nous plaçons ensuite à distances égales chacune des autres lettres, le premier membre du premier nom occupera bien moins de place que le second, et que le contraire aura lieu pour l'autre nom?

KING S TOWN
MEM P HIS

Lors donc que le calligraphe, le dessinateur, le sculpteur, le peintre, n'a à sa disposition qu'une série de ces mots où toutes les lettres ne sont pas d'une valeur égale, et ne doivent pas être assez écartées pour que les différences d'espacement se perdent, il peut procéder de deux manières : la première, celle qu'on suit le plus vulgairement dans les ateliers, consiste à poser, après un essai grossier, sa première lettre, et à pointer sa distance de la seconde, qu'on trace aussi immédiatement; puis, en répétant l'opération, on passe à la troisième, et ainsi de suite. On est certain par ce procédé d'espacer toutes les lettres suivant les proportions convenables, mais on ne l'est pas autant de donner à sa ligne une juste position. Il est vraisemblable même que le plus souvent elle portera trop à droite ou trop à gauche, soit qu'on la commence par le centre, soit qu'on la commence par son initiale.

Une autre conséquence de cette anomalie, est ressortie des exemples que nous venons de donner : c'est qu'on ne peut pas toujours prendre la lettre qui forme numériquement le centre du mot pour centre de la ligne.

Il faut donc trouver un autre moyen de déterminer d'une manière certaine, dans tous les cas possibles, le point du mot ou du membre de phrase qui correspondra directement avec ce centre.

Au lieu d'un moyen, il en existe deux : l'un qu'on peut appeler empirique, l'autre mathématique.

Ceux qui font usage du premier déterminent la place que le mot doit occuper, et, posant la première et la dernière lettre d'une manière définitive, essayent le placement des autres entre ces deux limites, et ne les forment qu'après qu'ils sont certains d'avoir bien trouvé la position. Avec de l'habitude, le coup-d'œil acquiert assez de justesse pour ne courir le risque que d'erreurs légères. Mais ce n'est point là *une règle*, et nous en devons une à nos lecteurs. Celle que nous allons leur donner est infaillible.

Ayant à construire une ligne composée de ces mots : PLAN DU CANAL (*Pl.* 2, *fig.* 4), ils en traceront d'abord toutes les lettres dans leurs justes proportions, plus ou moins sommairement (1), sur un papier perdu, et de manière qu'elles se touchent par le corps, sans oublier les intervalles des mots qu'on peut compter pour N (*a b*, *Pl.* 2, *fig.* 5). Pour avoir le volume exact des lettres à panses, comme B, G, O, S, ou à crochets, comme J, R, on tire des tangentes verticales qui projettent leur diamètre sur des parallèles destinées à marquer la hauteur. Ceci fait, on prend avec le compas la dimension de cette masse, et on la compare avec la longueur donnée de la ligne à écrire ; puis on divise l'excédant de celle-ci en autant de parties, moins une, qu'on a de lettres ; chacune de ces parties sera nécessairement égale à l'espacement de deux lettres. On peut alors tracer son écriture soit en commençant par le centre (si elle a une lettre centrale), selon la méthode indiquée à la *page* 78, soit par les deux extrémités, en marchant progressivement vers le centre.

On peut reconnaître, au reste, du premier coup-d'œil, si le centre doit être occupé par une lettre, un point ou un intervalle, en décrivant avec le compas, des deux extrémités inférieures (a b) de P et de L, deux petits arcs *c d*, et tirant du point où ils se coupent, une

_____

(1) On peut même se contenter du plan de chaque lettre.

verticale A B qui passera nécessairement par le centre
de la ligne.

DU CHOIX DES CARACTÈRES.

La multiplicité des caractères entre lesquels l'écrivain peut choisir ou qu'il peut allier, offre de grandes
ressources pour charmer les yeux ou pour attirer l'attention. Il ne faut pas croire, cependant, qu'il suffise
de recourir à cette diversité pour produire une œuvre
agréable. Cet art n'exige pas moins qu'un autre, avec
un peu d'érudition, un jugement sûr et un goût sévère. Nous nous sommes élevé déjà contre l'abus des
fioritures et des ornements parasites ; nous ne blâmerons pas moins la disposition de quelques écrivains à
prodiguer les connaissances qu'ils possèdent ou croient
posséder, à temps et à contre-temps. Rien de plus
maussade et souvent de plus grotesque que le luxe
hors de sa place. Il n'a jamais tenu lieu de la beauté,
témoin ce mot célèbre d'un ancien peintre à un de
ses rivaux qui, peignant une déesse, la surchargeait
de vêtements et de joyaux magnifiques : « Tu ne la
fais si riche, lui dit-il, que parce que tu ne sais pas
la faire belle. »

Autre part, au lieu de l'abondance des fioritures ou
des styles variés, c'est le défaut d'appropriation de
ceux qu'on choisit qui se fait remarquer en blessant
les convenances. Chaque caractère a, pour ainsi dire,
son emploi identique à sa nature, duquel on n'essaie

pas de le tirer sans qu'il y perde quelque chose de son mérite. Les choses, ainsi que les hommes, ont besoin d'être à leur place pour avoir toute leur valeur. Mais que dire de cette démangeaison de paraître savant, qui conduira, entre autres excentricités, à mettre au bas d'une estampe ou d'une peinture, sous prétexte de l'expliquer, une légende en caractères archaïques ou de forme bizarre, indéchiffrables pour la plupart des spectateurs.

La peinture employée dans les monuments fut longtemps appelée le livre des ignorants; c'était, en effet, l'unique moyen de parler aux yeux de populations illétrées. Quand ces populations s'instruisirent, l'art s'efforçant aussi de devenir de plus en plus savant, finit par se mettre tellement au-dessus de leur portée, malgré le progrès, qu'il lui fallut recourir au moyen un peu grossier d'user de l'écriture pure et simple pour expliquer sa pensée, car il finissait par cesser d'être intelligible à force de raffinement et de recherche, lui dont le mérite était autrefois la lucidité. Mais, de nos jours, grâce à l'abus que nous blâmons, ce moyen même ne suffit plus, et l'on aurait besoin, dans quelques lieux publics que nous pourrions citer, d'avoir, au-dessous de la légende, une traduction explicative de l'explication, qui la mît à la portée de la compréhension du peuple, pour l'instruction duquel furent faites d'abord la peinture ou la sculpture, puis la légende.

Il n'est guère moins ridicule d'écrire en caractères vieillis d'un autre âge, une épitaphe portant, dans sa date, le certificat de son origine toute récente; l'enseigne d'un magasin d'objets tous modernes; les versets et autres inscriptions que le clergé se plaît à répandre sur les murs d'une église, dont l'architecture toute moderne donne immédiatement un démenti à cette archéologie de bric-à-brac. Encore une fois, il faut que chaque chose soit à sa place, et le véritable artiste n'est pas celui qui fait le mieux exécuter, c'est celui qui sait joindre au talent d'exécution, ce qui est infiniment plus rare, le sentiment des rapports de convenance, l'intelligence réfléchie de son sujet, le bon sens, en un mot.

Ce n'est pas seulement par ces bizarreries qu'un écrivain peut rendre son œuvre vicieuse ou dépourvue d'agrément. Le mauvais choix de la grosseur du corps du caractère ou des caractères, même parfaitement exécutés, peut produire des effets tout aussi fâcheux. Le ministère de la guerre, qui avait à établir l'uniformité dans un immense travail, nécessairement confié à un grand nombre de mains, celui de la nouvelle carte topographique du royaume, a déterminé le corps et le choix du caractère qui doit être employé, aussi bien pour les titres et les légendes que pour les moindres détails. Comme cette carte est une des choses les plus parfaites qui aient été produites en ce genre, non-seulement pour la beauté du travail, mais aussi pour la lucidité et pour l'harmonie, nous mettons sous les yeux du lecteur ce qui, dans les instructions formulées par le dépôt de la guerre, peut être d'une utilité ordinaire pour les titres ou légendes, renvois, notes, observations, pour la topographie de détail, la topographie générale et la géographie.

« Il faut considérer d'abord, dans le titre, deux choses : l'emplacement qu'on a pour l'écrire et l'étendue de la carte ou du plan sur lequel il doit être écrit, afin d'y placer, sans confusion, les objets qui le composent. Ces objets sont généralement : 1º l'indication ; 2º le nom du pays que le plan ou la carte représente 3º le nom de l'auteur ; 4º sa qualité ; 5º l'année du levé ou de la rédaction.

» L'indication doit être en *capitale droite* (*Pl.* 1ʳ, A, D), ainsi que le nom du pays ; les détails qui pourront l'accompagner, seront en *capitale penchée* (C, E) ou en *romaine droite* (F, J). Dans le premier cas, le nom de l'auteur, qui vient ensuite, doit être en *romaine droite*, et sa qualité en *italique* (H, L) ; dans le second, il doit être en *romaine penchée* (K), et ses qualités en *italique*. L'année sera en *chiffres romains penchés* (I) dans le premier cas ; dans le second, elle sera en *chiffres arabes droits* (G). En général, il faut mettre, dans les écritures, une opposition qui la fasse valoir.

» Voici le rapport dans lequel les écritures peuvent être entre elles :

L'*indication* aura . . . . 6 parties.
Le *pays*. 8
Les détails qui pourront l'accompagner. 4
Le nom de l'auteur 2
Sa qualité . . . . 1 ½
L'année. 3

» Les mots *légende, renvoi, explication, observation, note*, etc., seront en *capitales penchées;* les détails ou discours seront en *italique*, et du ¹/₄ de la hauteur des mots *légende*, etc.

» Les *tableaux* seront détachés du plan ou de la carte par deux lignes fines et une grosse au milieu, proportionnées à l'étendue de la carte et du tableau ; le premier mot du titre sera en *capitales penchées*, et les suivants en *romaine penchée*, qui aura de hauteur la moitié de celle du premier mot.

» Les titres des colonnes simples seront en *romaine droite*, et leurs subdivisions en *petite italique*, de deux tiers de la hauteur de la romaine. »

La manière d'écrire tous les mots indicatifs prévus qui peuvent se trouver sur un plan ou sur une carte, est pareillement réglée, tant pour le caractère que pour la force du corps. Nous citons ceux qui se rencontrent le plus fréquemment dans les travaux ordinaires, et seulement quant au choix des caractères, les dimensions devant varier selon l'échelle, qui ne peut être déterminée invariablement pour ces travaux comme pour ceux du ministère. Nous nous bornons à cette simple observation, que la force de corps des écritures doit être moindre, proportionnellement, sur un plan de topographie générale, que sur un plan de topographie de détail ou de cadastre, et moindre encore sur une carte que sur un plan de topographie générale.

OBJETS.		PLANS (1)		
		de détails.	généraux.	Cartes.
Abattis.		R. p.	R. p.	»
Académies.		*	*	*
Anses. { grandes.		R. d.	R. d.	ital.
Anses. { petites.		R. p.	R. p.	»
Archevéchés.		C. p.	C. p.	*
Arrondissements.		»	C. d.	C. d.
Avenues.		C. p.	R. d.	»
Baies.		C. d.	C. d.	C. p.
Bains.		R. d.	R. d.	ital.
Bancs de sable { grands.		R. d.	R. d.	ital.
Bancs de sable { petits.		R. p.	R. p.	»
Bassins. { grands.		R. p.	R. p.	ital.
Bassins. { petits.		ital.	ital.	»
Batailles.		ital.	ital.	ital.
Bois. { grands.		C. p.	C. p.	R. p.
Bois. { ordinaires.		R. d.	R. d.	»
Bois. { petits.		R. p.	R. p.	»
Bouches { d'un fleuve.		C. d.	C. d.	C. p.
Bouches { d'une rivière.		C. p.	C. p.	ital.
Bourgs.		C. p.	C. p.	ital.
Bruyères.		R. p.	R. p.	»

(1) Abréviations :

     A signifie arabe.
     C   —   capitale.
     d   —   droit, droite.
     Ital. —   italique.
     p   —   penché, penchée.
     R   —   romain.

* indique que l'article est omis dans les instructions.

OBJETS.		PLANS de détails.	généraux.	Cartes.
Cabarets.		ital.	ital.	»
Canaux.	grands.	C. p.	C. p.	ital.
	ordinaires.	R. d.	R. d.	»
Cantons		»	C. d.	»
Caps.	grands.	C. p.	C. p.	R. p.
	ordinaires.	R. p.	R. d.	ital.
	petits.	R. d.	R. p.	ital.
Carrières.		ital.	ital.	»
Chapelles.		ital.	ital.	»
Châteaux.		R. d.	R. d.	»
Chemins.		ital.	ital.	»
Chiffres.	degrés sur le cadre.	»	»	A. d.
	cotes de hauteur.	A. d.	A. d.	»
	— des bornes.	A. d.	A. d.	»
	— des échelles.	A. d.	A. d.	A. d.
Communes.		C. p.	C. p.	»
Côteaux, côtes.		R. p.	R. p.	»
Cours royales.		.	.	.
Croix.		ital.	ital.	»
Départements.		»	C. d.	C. d.
Détroits.		»	»	C. p.
Eaux minérales.		R. p.	ital.	»
Echelles.		C. p.	R. d.	R. d.
Eglises.		R. d.	R. d.	»
Evêchés.		.	.	.
Fabriques.		ital.	ital.	»
Faubourgs.		C. p.	C. p.	ital.

OBJETS.		de détails.	généraux.	Cartes.
Fermes.		R. p.	R. p.	»
Forêts.	grandes.	C. d.	C. d.	R. d.
	ordinaires.	C. p.	C. p.	ital.
Forts.		C. d.	C. d.	ital.
Friches.		R. p.	R. p.	»
Golfes.	grands.	C. p.	C. p.	C. p.
	moyens.	C. p.	C. p.	ital.
	petits.	R. d.	R. p.	ital.
Hameaux.		R. p.	R. p.	ital.
Iles en mer.	grandes.	»	C. p.	C. d.
	moyennes.	»	R. p.	C. p.
	petites.	R. p.	R. p.	ital.
Jardins.		ital.	ital.	»
Lacs.	grands.	C. d.	C. d.	C. d.
	moyens.	C. p.	C. p.	ital.
	petits.	R. d.	R. d.	»
Landes.		R. d.	R. p.	ital.
Limites.		R. p.	R. p.	»
Maisons isolées.		ital.	ital.	»
Mers.	grandes.	C. d.	C. d.	C. d.
	ordinaires.	C. p.	C. p.	C. p.
Mines.		ital.	ital.	»
Montagnes	grandes chaînes.	»	C. d.	R. d.
	chaînes ordinair.	»	C. p.	R. d.
	isolées.	»	C. p.	R. d.
Monts.		C. p.	R. d.	ital.
Moulins.		ital.	ital.	»

(PLANS: colonnes « de détails » et « généraux »)

OBJETS.		PLANS de détails.	PLANS généraux.	Cart
Notes.		ital.	ital.	ital.
Ports.		R. d.	R. d.	»
Provinces.		»	C. d.	C. d.
Rivières.	grandes, ou fleuves.	R. d.	R. d.	R. p.
	petites.	R. p.	R. p.	ital.
Routes.	grandes	C. p.	R. d.	ital.
	ordinaires.	R. p.	R. p.	ital.
Ruisseaux.		ital.	ital.	»
Sentiers.		ital.	ital.	»
Télégraphes.		R. d.	R. d.	»
Tours.		ital.	ital.	»
Usines.		R. d.	R. d.	ital.
Vallées.		»	C. p.	R. d.
Vergers.		ital.	ital.	»
Villages.	grands.	R. d.	R. d.	ital.
	ordinaires.	R. d.	R. d.	ital.
Villes.	capitales (1).	C. d.	C. d.	C. d.
	2e ordre (2).	C. d.	C. d.	C. p.
	3e ordre (3).	C. d.	C. d.	R. d.

Dans la gravure ou le dessin des cartes géographi-

(1) On peut classer ainsi dans une carte de France les villes chefs-lieux de département, et dans une carte spéciale, les chefs-lieux soit d'archevéchés, de Cours royales ou d'Académie.

(2) On peut comprendre sous ce nom les villes chefs-lieux d'arrondissement, ou dont les maires sont nommés par le roi, les chefs-lieux d'évêchés, de tribunaux civils.

(3) Le lecteur ou le praticien qui voudra plus de détails et de renseignements, les trouvera dans le *Manuel du Graveur*, faisant partie de l'*Encyclopédie-Roret*.

ques, représentant des royaumes ou de grandes con-
trées, la petitesse de l'échelle et la multiplicité des
détails ne laissent ordinairement que peu d'espace
libre pour écrire les noms principaux, qui peuvent
avoir besoin, toutefois, d'être figurés avec des lettres
de très-forte dimension.

La figure E de la Planche 9, empruntée aux belles
cartes d'Angleterre, publiées sous les auspices du
gouvernement, montre comment il est possible de
satisfaire à cette exigence, quelle que soit la force du
corps qu'on adopte, sans interrompre ou cacher les
routes, rivières, châteaux, menues écritures et autres
détails qu'il importe de conserver très-apparents.

Les écritures sur plans d'architecture ou de machines,
offrent infiniment moins de complication que celles qui
se font sur des plans topographiques ou des cartes. Assez généralement, même, on se borne à des lettres de
renvoi, et les indications sont rangées en légendes sur
une partie libre du dessin. Les lettres de renvoi n'offrent guère d'autre variation que celle de la capitale,
dont on se sert pour les grandes parties, à la minuscule
romaine ou italique qu'on réserve pour les moins importantes. Lorsqu'on prend le parti d'écrire sur le dessin même, on adopte volontiers une capitale capillaire,
c'est-à-dire sans pleins (*voyez* la cinquième ligne de
la figure 3, *Pl.* 10), qui est toujours suffisamment
apparente, et ne nuit point aux délicatesses du dessin; les cotes s'écrivent en italique, aussi légère que
possible, de manière à ne pas disputer avec les lignes
ponctuées qui les accompagnent presque toujours.
Quant aux titres et aux légendes, nous ne pouvons que

renvoyer à ce qui est dit plus haut. Mais nous remarquerons que les lignes droites de l'architecture semblent peu favorables à l'adoption ou au mélange des lignes courbes pour les titres.

MODÈLES POUR TITRES.

Nous en avons donné de plusieurs espèces, les uns exécutés par la gravure (*Pl.* 11 et 12), les autres par la typographie (*Pl.* 10), mais composés dans le style ordinaire aux dessinateurs.

Nous recommandons fortement aux personnes qui, dans cette profession, seraient jalouses d'acquérir une véritable habileté, de s'exercer avec persévérance à tracer et retracer mécaniquement les modèles que nous leur offrons, et à les exécuter ensuite à l'encre, avant d'entreprendre de les copier à la simple vue.

Ce n'est qu'à l'aide de ces exercices répétés, qu'elles parviendront à posséder cette habitude des proportions exactes, cette pratique des formes et cette sûreté de main, sans lesquelles il faut renoncer au titre d'homme de talent, et même d'ouvrier habile, que méritent si peu, généralement, la plupart de ceux qui n'ont appris leur profession que par la routine.

DES CARACTÈRES A JOUR.

Fidèle à notre but, qui est d'être utile à tout le monde, nous ne devons pas négliger de parler du parti avantageux qu'on peut tirer de l'usage des caractères à jour. Bien que cet usage soit devenu vulgaire, il peut exister encore beaucoup de personnes qui ignorent qu'on peut l'appliquer avec succès à des travaux plus délicats que des affiches murales, des caisses d'emballage ou des boîtes d'eau de Cologne.

Ces caractères sont ordinairement découpés dans de minces plaques de cuivre, sur lesquelles on passe, en frottant, un pinceau dur ou petite brosse chargée d'une encre très-siccative, telle que l'encre de Chine, délayée seulement à l'état d'humidité. Si elle était fluide comme celle qui sert pour la plume ou le tire-ligne, elle se répandrait en bavure et ne produirait que des taches.

Cette plaque peut n'offrir qu'une lettre isolée (*Pl.* 12, *fig.* 5) ou donner des mots (*fig.* 6), et même des phrases complètes. Dans le premier cas, on doit se munir d'un alphabet. Il sert à imprimer l'une après l'autre, chacune des lettres dont on a besoin pour composer son texte. La plaque donne, à cette intention, au moyen d'un trou percé après la lettre, un point de repère sur lequel doit poser le membre antérieur de la lettre suivante. Les espacements ordinaires sont ainsi tout calculés, mais on conçoit que rien n'est plus facile que de les changer en rapprochant ou écartant les lettres quand on les pose. Seulement on doit éviter alors de passer la brosse sur le point de repère.

Un autre repère est marqué par une encoche angulaire, sur chaque côté de la plaque pour l'alignement qu'on obtient en ajustant le côté horizontal de cette encoche, sur une ligne au crayon, tracée d'avance pour marquer la hauteur du pied des lettres.

On peut découper ainsi toutes sortes de caractères, quelle que soit leur grandeur ou leur ténuité. Il serait inutile de faire observer 1° que tous les graveurs qui exécutent ces types, n'étant pas également habiles, il y a beaucoup de choix; 2° que ce procédé ne peut produire que des lettres pleines sur le papier ; 3° que la nécessité d'assujétir les parties qui doivent réserver les blancs intérieurs de la lettre, obligeant le graveur de conserver des attaches d'autant plus nombreuses que ces parties seront moins solides, il n'est guère possible d'exécuter ainsi des lettres surchargées de traits, comme sont les capitales de la gothique ronde (*Pl.*4, Alph. A), où les traits éprouveraient trop d'interruption ; 4° que toutes les lacunes laissées sur le papier par les attaches, se remplissent après coup très-aisément avec la plume ou le pinceau, sans que rien fasse soupçonner ces retouches, qui ne doivent jamais être négligées quand on fait un travail quelque peu soigné.

La personne la moins familière avec l'art de dessiner des lettres, peut, à l'aide de ce procédé, sous la seule condition d'en user avec les précautions convenables, produire des pièces passablement satisfaisantes.

Quoique la propriété de ces caractères soit de donner des impressions opaques, il est possible cependant,
avec de l'adresse, de s'en servir pour faire des lettres
ornées, d'une certaine dimension, tout au moins pour
en tracer le cadre plus rapidement et plus sûrement
que ne saurait le faire une main novice ; alors, au lieu
d'employer la brosse encrée, on la remplace par un
crayon bien effilé, dont la pointe suit exactement les
deux bords intérieurs de la découpure. Une fois les
profils de la lettre ainsi arrêtés, on peut remplir les
vides par des dessins à volonté (*Pl.* 12, *fig.* 7). Ce
procédé est donc susceptible d'offrir de grands secours
aux personnes encore assez étrangères à la construction, à la forme ou aux proportions des lettres, et une
grande économie de temps à tout le monde.

DEUXIÈME PARTIE.

-DE L'ORNEMENTATION.

——

§ Ier. SON ORIGINE ET SES RÉVOLUTIONS.

Cette seconde partie, infiniment plus importante que la précédente, parce qu'elle touche à une partie plus élevée de l'art du décorateur, offre cependant beaucoup moins à dire dans les observations préliminaires. L'histoire de cet art, de sa naissance, de ses progrès, de ses transformations chez les différents peuples qui l'ont cultivé, transformations assujéties au goût, aux habitudes, au culte, serait on ne plus intéressante, mais c'est dans les écoles spéciales qu'il convient de l'enseigner ; ces recherches dépasseraient de beaucoup le cadre restreint que nous avons dû nous imposer. Nous nous bornerons donc à quelques considérations générales, limitées aux connaissances qu'il importe le plus à l'artiste décorateur de posséder.

L'opinion, fondée sur le raisonnement plus que sur des faits constants, est que l'ornementation architectorale est née de la coutume, contractée par les premiers peuples, de décorer de fleurs les temples rustiques de leurs dieux, de leur offrir les prémices des fruits, des moissons et de la chasse, et celles des dépouilles arrachées aux ennemis vaincus; d'appendre aux murs des *ex-voto*, à l'occasion d'un secours obtenu de la divinité. Quand l'art fut inventé, la peinture et la sculpture substituèrent à ces décorations transitoires et embarrassantes, des décorations plus durables et moins gênantes. De là vinrent les festons, les têtes de victimes, les instruments et les trophées qui ornent les frises, les métopes, les frontons des temples les plus anciens.

Le désir de voiler la nudité des murailles, pour augmenter l'éclat des grandes solennités, suggéra l'idée de les couvrir de riches tapis, et cette idée engendra, sans aucun doute, celle de les décorer de peintures imitant ces tapis. Cet autre genre d'ornementation prit le nom d'*arabesque*, parce que l'Arabie, nom sous lequel il faut sous-entendre l'Orient en général, dans le langage ancien, fut en possession, dès la plus haute antiquité, de cette industrie spéciale et de cet art singulier dans lesquels elle est demeurée sans rivaux, malgré tant de siècles de civilisation et de progrès passés sur l'Occident.

La Grèce et l'Italie, en s'appropriant l'*arabesque* comme ornementation monumentale, durent nécessairement lui faire subir l'influence de leur goût. Il est donc probable que les ornements laissés par les sculpteurs ou les peintres d'Athènes, de Milet, de Pompeï, ne sont point une reproduction bien fidèle du goût oriental de ces temps reculés; mais leur style capricieux, leurs enroulements fous, leur efflorescence luxuriante, leurs monstres bizarres, leurs monuments fantastiques, leurs hardiesses étourdissantes, sont si éloignés de la sage, on dirait presque de la timide retenue de l'art grec, qu'on est bien forcé d'y reconnaître l'influence du génie d'un autre peuple.

Les Romains ne pouvaient se dispenser d'imiter les Grecs sur ce point, comme sur tant d'autres. Ils avaient adopté leur architecture et l'ornementation devenue normale de ses membres; ils accueillirent de même l'arabesque, et en couvrirent, avec la profusion qui n'appartenait qu'à eux, les murs de leurs temples, de leurs portiques et de leurs bains. Les imitateurs sont toujours en tout bien au-delà de leurs originaux. Plus la décadence de l'art se manifestait, plus l'art s'efforçait de suppléer, par le luxe, à ce qui lui manquait sous le rapport du goût.

L'ère chrétienne ne se montra pas moins sensible aux charmes de la décoration des édifices, que les âges précédents : Sainte-Sophie en est la preuve. Dans l'Occident, pour une cause ou pour une autre, on fit, durant les premiers siècles, beaucoup plus d'églises de bois que d'églises de pierres, ainsi que le constate le nombre des incendies qui les détruisaient de fond en comble; mais d'anciennes descriptions qui nous ont été conservées, nous représentent ces édifices comme étant décorés intérieurement avec une extrême recherche, dans laquelle l'ornementation artistique ne pouvait manquer de jouer un grand rôle. Quels en étaient le style et les formes? C'est ce que nous ignorons à peu près, car nous ne possédons comme renseignement sur l'art de ce temps-là, qu'un petit nombre de livres enrichis de vignettes et d'encadrements.

Les monuments de la seconde période dite romane nous font voir deux sortes de décorations (1) : l'une formée simplement par l'appareil des pierres dessinant des combinaisons géométriques, telles que les réticulaires, les fougères, etc., quelquefois enluminées, en quelque sorte, par l'effet du mélange de matériaux de couleurs diverses; l'autre due au ciseau du sculpteur ou au pinceau du peintre, souvenir éloigné de l'ancien arabesque, généralement austère et rude, jusqu'à ce que l'art du décorateur, peu en crédit, on le conçoit, durant les deux siècles de désastres qui suivirent le règne de Charlemagne, ait été ravivé par les inspirations de l'Orient, au retour des Croisades. Alors il reprend une délicatesse infinie, surtout quand il s'agit de broder les riches vêtements des rois et des saints, raides et gigantesques, que la statuaire place aux portes des cathédrales, ou d'orner des pièces d'orfèvrerie, des armes, des reliquaires. Chose étrange, le pinceau se montre moins délicat sur les vitraux et les murailles que le ciseau sur la pierre; mais il se dédommage par le luxe des couleurs et la riche harmonie de leur mélange.

Les formes, les rudiments arabesques, c'est-à-dire les rinceaux, les enroulements, les chimères, les palmettes, se retrouvent dans les ornementations; mais employés plus particulièrement à la décoration des églises, la sévérité de la croyance chrétienne les éloigne nécessairement de la hardiesse coquette

_____

(1) Voyez l'Atlas du *Manuel de l'Architecte des Monuments religieux*, faisant partie de l'*Encyclopédie-Roret*.

qu'elles avaient acquise sous le règne sensuel du paganisme.

L'arabesque proprement dit était donc presque entièrement oublié, lorsque Jean de Udine, par la découverte qu'il fit de grottes antiques, décorées de peintures de ce genre, en ranima le goût. Raphaël s'empara de la découverte en homme de génie, et créa, dans ses admirables loges du Vatican, un art nouveau qui devint type. Ajoutons que beaucoup d'autres s'y sont exercés après lui : J. Goujon lui donna, sur la pierre, une finesse qui le rapproche singulièrement de l'antique ; Lebrun et Mignard, sous Louis XIV, Vatteau sous Louis XV, le traitèrent dans le goût de leur temps, et avec un sans-façon qui démontre qu'ils n'étaient point architectes. Enfin, le commencement de ce siècle vit se fonder une nouvelle école qui eut d'abord un immense succès, mais qui n'a point subsisté. On trouve, aujourd'hui, son style trop maigre, ce qui fait qu'on tombe volontiers dans le défaut opposé.

§ II. DE L'EXÉCUTION.

La décoration d'ornement peut s'exécuter de plusieurs manières : par la peinture, par la sculpture, par la gravure et en incrustations.

La peinture d'ornement est ou monochrome, ou polychrome, c'est-à-dire exécutée ou avec une seule couleur employée à plat, ainsi que le pratiquaient généralement les anciens, ou avec des couleurs variées, dont l'emploi produit lui-même beaucoup de variétés d'exécution.

La PEINTURE monochrome se fait par l'application d'une silhouette de couleur foncée, ordinairement noire ou brune, sur un fond de couleur plus claire, ou, au contraire, par la réserve de ces silhouettes en clair sur un fond coloré, qu'on recouvre de noir, de brun ou de toute autre couleur susceptible de les détacher vivement.

Dans l'un et l'autre cas, les parties maigres et délicates du dessin demeurent sans travail secondaire; quant à celles qui, prenant une certaine surface, deviendraient trop lourdes ou trop molles à la vue, comme seraient un disque, un vase, ou trop incertaines, comme un groupe, une figure, dont les traits, les mouvements, et surtout les vêtements, ont besoin d'être accusés, on trace tous les traits de détail intérieur nécessaires, à la pointe, s'il s'agit d'une figure en noir sur un fond clair, afin de découvrir le fond, ainsi que le faisaient les décorateurs des vases étrusques; ou, si la pointe doit trouver trop de résistance dans la couleur superposée, ou trop peu dans celle qui lui sert de base, au moyen d'un pinceau délicat, avec de la couleur semblable à celle du fond, de manière à tenir lieu du travail de la pointe. Lorsque les dessins sont, au contraire, réservés en clair, les détails s'ajoutent toujours au pinceau, et pareillement de la couleur du fond.

Il ne faut point confondre avec la peinture monochrome, la peinture en grisaille ou en camaïeu, dont il sera parlé plus tard.

La peinture polychrome s'adapte à toute sorte de

fonds, même au nu de la pierre ou du marbre. Cependant la convenance et l'harmonie réprouvent son emploi sur une surface d'apparence trop mesquine : on n'orne point de broderies d'or ou de soie une étoffe grossière.

Cette peinture peut, comme la peinture monochrome, s'exécuter par simples teintes plates; elle imite alors les incrustations. Il peut se présenter, là encore, un mélange de richesse et de pauvreté qui va directement contre le but que se propose l'ornementation. Néanmoins, ce genre de décoration peut convenir parfaitement pour un plafond, des voûtes, de grandes surfaces multipliées, toutes les fois que l'œil est trop éloigné ou trop occupé pour s'apercevoir du froid ou du nu que laisse le manque de détails ou de modelé. Ici, comme pour la décoration monochrome, on marque les refends, les côtes des feuilles, les plis des draperies, les traits d'une figure, les découpures d'une rosace, à l'aide du simple dessin linéaire exécuté au pinceau. Les plus curieux et les plus riches modèles de ce genre de peinture se trouvent dans les bordures des anciens vitraux d'église (*Pl.* 16, 17, 23, *fig.* 23, 24, 25, 33, 37, 58, 60, 65, 179), où parfois le dessin linéaire est renforcé, pour l'effet, de quelques touches hardies en grosses hachures. Ces touches seraient inutiles dans un plafond ou une voûte élevée, et terniraient l'éclat des couleurs qui n'auraient point, comme celles des vitraux, le puissant auxiliaire de la transparence lumineuse.

Le plus beau développement de la peinture d'ornement polychrome est produit par la combinaison

de l'harmonie des couleurs et l'imitation du relief.
C'est alors qu'elle peut faire usage de toutes les richesses que la terre, les airs et les eaux tiennent à sa
disposition.

Mais de même que nous l'avons vue tout-à-l'heure
se contenter des mélanges de l'enluminure, sans se
préoccuper du relief, on la voit aussi, dans la grisaille et dans le camaïeu, se priver des ressources du
coloris pour se borner à la seule imitation du relief.

Nous avouons que de tous les genres de peinture
décorative, celui-ci nous paraît le moins explicable
et le moins heureux; s'il faut le dire, appliqué à un
édifice. En effet, ou l'artiste se propose d'imiter la
sculpture, c'est l'objet de la grisaille; ou il n'imite
rien du tout, ce qui arrive quand il modèle, nous supposons, des arabesques ou tels autres ornements en
bleu, en bistre, sur un fond d'une teinte étrangère,
auquel ils ne se rattachent nullement.

Si l'édifice est assez important pour faire naître
l'idée de la possibilité d'une décoration sculptée,
pourquoi ce mensonge, qui n'est encore qu'un alliage
de luxe et d'indigence? S'il ne l'est pas; c'est un ornement déplacé. Ces trompe-l'œil, qui ne trompent
presque jamais, devraient être réservés pour ces décorations transitoires, que chacun sait très-bien n'être
faites que de toile ou de carton, et ne pouvoir supporter que des apparences.

Quant à la décoration en camaïeu, malgré sa prétention au relief, on ne sait ce qu'elle peut vouloir si-
muler avec sa couleur insolite. Elle peut être fort
agréable, appliquée à la céramique, à des objets de

frivolité et de fantaisie, dans un boudoir, si l'on veut ; mais sa bizarrerie l'exclut naturellement de l'ornementation tant soit peu monumentale.

Quelquefois, la grisaille et le camaïeu, pour se donner une apparence de richesse, emploient les rehauts d'or. Une grande partie de la voûte de la grande galerie du Musée royal est décorée de caissons en grisaille ainsi rehaussés ; l'effet faux et froid de cette décoration, assez en honneur du temps de l'Empire, ne doit point encourager les imitateurs.

Cet emploi de l'or, bruni ou mat, du blanc vif, ou de l'argent, joint à la dégradation des teintes, doivent faire classer la grisaille et le camaïeu parmi les peintures polychromes.

La SCULPTURE taille la pierre, le marbre, le bois, et modèle ou grave les métaux, sous les appellations de moulage et de ciselure.

Bien que les formes de l'ornementation sculptée, et de la décoration peinte, soient les mêmes, il faut bien se garder de croire que le même dessin, arrêté sur le papier, puisse être indifféremment exécuté par le pinceau ou par le ciseau. Quelque ténuité que celui-ci puisse parvenir à obtenir à l'aide de matériaux durs et d'une pâte très-fine, elle n'égalera jamais celle qui est si naturelle et si facile au pinceau. Le dessin, s'il n'est pas composé expressément en vue du mode d'exécution, deviendra souvent, ou trop lourd sous la main du sculpteur, ou trop maigre sous celle du peintre. Une des premières conditions que l'artiste doit s'imposer, nous en avons fait déjà l'observation dans l'autre partie de cet ouvrage, c'est celle de conserver le caractère des matériaux dont il dispose. Ceux qui entrent dans la construction, durs et rigides, ne se prêtent point aux jeux de la main; ils ne se travaillent que péniblement, et ne s'assouplissent, en quelque sorte, que par suite de pénibles efforts, dont la conscience, le pressentiment agit toujours plus ou moins sur l'esprit du spectateur. La décoration sculptée sur pierre, sur marbre ou sur bois, doit donc être sobre des menus détails arrondis ou contournés qui se montrent à profusion dans la décoration peinte, tels que les volutes à double enroulement, les vrilles, les courbes recourbées, enfin tout ce qui exige une grande légèreté de main ou suppose une grande flexibilité de matière. L'architecture donne un principe général à ce sujet, dont on ne s'écarte point sans péril; malgré toute la coquetterie et la grâce dont elle a enrichi le chapiteau corinthien, les volutes sont pleines, solides, combinées pour la matière, et celles qu'on voit sur quelques frises ne sortent point de ce caractère; on y reconnaît toujours la main obligée de compter avec la matière résistante sur laquelle elle travaille.

On peut citer de modernes exemples de décoration arabesque, composée pour la sculpture dans un style qui n'eût convenu qu'à la peinture. Les voussures de quelques salles du musée des Antiques, au Louvre, nous en offriront de remarquables. Gravés, ces motifs sont charmants; exécutés par le ciseau, ils offrent une confusion très-nuisible à leur effet; confiées au pinceau d'un coloriste, ces voussures rivaliseraient avec ce que l'art décoratif a produit de plus splendide et de plus gracieux.

La sculpture d'ornement prétendrait, mal à propos aussi, couvrir de grandes pages comme la peinture décorative. Obligée, ainsi qu'il a été dit, de s'atténuer pour ne pas être trop lourde dans ce qui tient à l'arabesque, elle deviendrait trop mesquine d'aspect pour couvrir convenablement une place d'une certaine étendue, et resterait trop froide, trop inerte, si l'on peut appliquer ici cette expression, pour communiquer un peu de vie et de chaleur à cette surface de pierre. Elle a besoin d'être renfermée dans un champ étroit, encadrée par des moulures, comme sur une frise, ou la face d'un pilastre, dans un panneau ou un caisson.

Dans ces divers cas, la sculpture lapidaire ne s'élève pas au-dessus du bas-relief. Les anciens ornementistes flamands des xvie et xviie siècles ont été plus loin. Ils ont exécuté de la décoration en ronde-bosse, et produit ainsi des balustrades à arabesques à jour, en pierre et en marbre, d'une merveilleuse exécution. Malgré tout leur talent, le vice de la matière s'est fait sentir. Ces décorations sont trop massives, et les épaisseurs indispensables nuisent à l'effet. Il faut réserver, croyons-nous, ce genre de sculpture pour le bois, qui peut se travailler plus mince, sans danger pour la solidité.

La sculpture prend bien plus de liberté, de laisser-aller quand il s'agit de manier les métaux. Tout le monde sait que, malgré leur résistance, ils s'assouplissent, au feu surtout, de telle manière, qu'il devient alors extrêmement facile de leur faire prendre toutes les formes, toutes les courbures imaginables, sans blesser l'esprit. La fonte, la forge, l'estampage, le découpage, sont autant de moyens mis à la disposition de l'ornementiste. Il peut donc ici tourner des volutes, engendrer des courbes à double courbure, et filer sa matière à tous les degrés de ténuité désirables, sans que rien l'arrête. L'artiste qui fait de l'ornementation métallique a presque autant de ressources que celui qui en fait au pinceau, et, à peu d'exceptions près, les mêmes systèmes de composition leur conviennent également. Cependant, il n'est point d'usage d'appliquer des décorations métalliques sur la pierre. L'oxydation, les mouvements de dilatation ou de retrait, produits par les variations atmosphériques, seraient autant de causes de prompte ruine. L'ornementation métallique en grand ne s'applique donc, pour l'ordinaire, qu'à l'embellissement de grilles, de rampes, de panneaux à jour. L'ornementiste compositeur a ici des difficultés d'une autre espèce à prévoir : celles qui tiennent à la solidité, lesquelles interdisent les pièces isolées ; celles résultantes des noirs ou des jours qui doivent percer à travers sa composition, et peuvent en changer le caractère, soit en l'alourdissant, soit en l'atténuant outre-mesure.

La décoration métallique sur petite échelle embrasse tout ce qui est meuble et bijou, quels qu'en soient la matière, la destination et l'usage. Il serait superflu d'en donner le détail.

L'ornementation PAR INCRUSTATION comprend ces trois espèces de mosaïques, dont l'une se fait avec des silhouettes découpées dans le marbre, la pierre, le bois ou le métal, qu'on encastre dans un champ quelconque, où le même dessin a été exactement préparé en creux ; la seconde avec des mastics colorés, ou avec des émaux qui servent à remplir ces creux (1) ; l'autre avec de petits cubes de couleurs nuancées, qu'on ajuste côte à côte sur un lit de ciment, et avec lesquels on produit une espèce de peinture susceptible de représenter tous les sujets imaginables.

Les différents procédés d'exécution indiquent le degré de délicatesse qu'on peut atteindre ou de force qu'on doit conserver, et conséquemment le style qui convient à chacun. Le pavé, la tabletterie, l'ébénisterie reçoivent avec avantage ce genre d'ornementation.

Quoiqu'on puisse exécuter ainsi toute sorte d'ornements, même des figures et des fleurs, dont les détails intérieurs se marquent par des entailles qu'on remplit d'un mastic noir ou brun, si l'objet est clair : d'un mastic de couleur claire, si l'objet est noir, plus ordinairement, pour les pavés ou parquets, on se borne aux simples combinaisons géométriques, avec lesquelles on peut produire des effets très-variés, souvent plus agréables que ne serait un dessin trop lourd. Mais les grosses mosaïques ne sauraient convenir pour des voûtes ou plafonds, à cause du danger qu'elles offriraient si l'enduit destiné à maintenir les pièces de rapport venait à se détacher par une cause quelconque.

A ces observations près, tous les genres d'orne-

---

(1) Les figures teintées des planches 15, 17 et 18 peuvent fournir des exemples de ces mosaïques en incrustations ou en mastic.

mentation peuvent être exécutés par incrustation, dans la proportion du talent ou de l'adresse de l'artiste ou de l'ouvrier; et en prenant aussi en considération la qualité et le degré de richesse des matériaux dont on est à même de disposer : aucune forme avouée par le goût ne sera essentiellement insolite, eu égard au procédé.

§ III. DES RESSOURCES DE L'ORNEMENTISTE.

L'ornementiste, quoique n'occupant pas le premier degré sur l'échelle des arts, exerce un empire infiniment plus étendu que tous les autres artistes réunis. Non-seulement il dispose comme eux, en souverain, des trois règnes de la nature; mais tandis que le peintre d'histoire, le paysagiste, le peintre de genre, le statuaire, se bornent à exploiter la création à la surface du globe, lui va fouiller dans ses plus profondes entrailles, pour en retirer les brillantes cristallisations, les métaux précieux, les gemmes éblouissantes, et plonge au fond des mers pour en rapporter les madrépores les plus riches, les coquillages les plus variés, les perles les plus splendides; et si tout cela ne lui suffit pas, il s'élance audacieusement dans le royaume sans limites des chimères, pour y découvrir de nouveaux êtres inconnus au soleil, et qui déconcertent toute la science du naturaliste le plus exercé, des végétations qu'on chercherait en vain dans les plus vastes herbiers, des édifices que toute l'habileté des architectes ne saurait faire tenir sur pied un seul moment, (*Voyez*, au § VI, le mot *architecture*.)

Possesseur du monde réel et du monde imaginaire, pouvait-il manquer de devenir souverain et même tyran dans le premier? Rien, pour ainsi dire, ne s'y fait sans qu'il y appose son sceau. C'est son privilège de l'attacher à tout ce qui sort de la main de l'homme : monuments, livres, ustensiles, instruments, meubles, armes, tissus, objets d'utilité ou d'agrément, de frivolité ou de dommage, partout, sur tout, on retrouve la sienne.

L'ornementiste est-il sculpteur, son ciseau ou son échoppe taille la pierre, le marbre, le bois, l'ivoire, pour décorer les membres de l'architecture, un bahut, un fauteuil, la crosse d'un fusil, les branches d'un éventail, le couvercle d'un coffret; ou son ébauchoir produit des moules pour la céramique, pour la fonte des métaux, depuis la délicate bijouterie, jusqu'à la grosse ornementation en fonte de fer : pour la décoration en plâtre et en carton. Est-il peintre, il couvre de ses dessins capricieux, où éclatent l'or, l'argent et les plus riches couleurs, les murs, les colonnes, les plafonds des églises, des palais, des boudoirs, des théâtres, des boutiques; les marges des splendides manuscrits, les panneaux ou les bordures des verrières, les ustensiles de porcelaine, de faïence, de terre cuite; simple dessinateur, c'est lui qui donne des modèles pour la tapisserie, pour les tentures, pour les étoffes tissées ou imprimées, pour la broderie; graveur ou ciseleur, il guilloche l'or, l'argent, le bronze, l'acier; il grave des poinçons pour l'estampage de mille objets divers, des fers pour la dorure sur cuir. Il prête son secours à la typographie pour orner, enrichir ses caractères. Le catalogue de ses attributions ne finirait pas.

Un art aussi vaste semble exiger un génie proportionné, et vraiment les hommes de génie ne lui ont pas manqué. Pour ne pas remonter au-delà de l'époque de la Renaissance, les Raphaël, les Benvenuto-Cellini, les Bernard Palissy, les J. Goujon, suffiraient bien pour l'illustrer. N'oublions point Percier qui, s'il n'a pas tout-à-fait la même vigueur, vient au moins immédiatement après eux.

§ IV. DES CONVENANCES DANS LA DÉCORATION.

L'ornementiste jouit, comme je viens de le dire, de la plus entière liberté, de la plus extrême latitude, pour l'ordonnance de ses compositions et pour le choix des objets qui peuvent y entrer. Le domaine de la nature entière et celui de l'imagination sont ouverts devant lui. Il peut puiser à pleines mains dans ces mines fécondes et inépuisables. Si l'on veut se faire une idée vraiment bien faible encore des innombrables combinaisons que peuvent lui offrir tant d'objets mis à sa disposition sans aucun conteste, qu'on examine le nombre, on dirait presque infini, de celles qu'il peut tirer de la seule ligne, bande ou ruban, qu'il développe en ligne droite, en filet, qu'il courbe en ondulations, qu'il brise, plie, replie en chevrons, en bâtons rompus, en grecques, en méandres de toutes sortes, qu'il assouplit de mille manières, pour en former les entrelacs les plus gracieux ou les plus compliqués, qu'il croise en réseaux ou réticulaires capricieux (*Voyez* les planches 15, 16, 17, 18, 19, 26, 27, 28). Mais l'abondance de ces richesses n'est pas toujours aussi favorable qu'on pourrait le supposer : elle ne sert, comme les richesses départies trop abondamment par la fortune, qu'à enfanter la prodigalité chez un esprit mal réglé. De ce que l'artiste peut puiser à volonté dans un vaste trésor, sans en trouver jamais le fond, il ne s'ensuit point qu'il puisse répandre de même sans compter. La sobriété est ici une vertu aussi bien que dans la vie ordinaire. Dans l'une comme dans l'autre, c'est le judicieux emploi des richesses, et non la profusion, qui fait honneur à celui qui en dispose, et le premier mérite de l'ornementiste sera toujours la simplicité. L'entassement des objets, des détails, dans une composition, forme une espèce de chaos, de charivari, au milieu duquel le spectateur a peine à se reconnaître. Il est plus étonné que satisfait, lors même que l'œil semble d'abord se laisser prendre au clinquant d'un luxuriant étalage. Cependant la nécessité d'une sage économie ne doit pas aller jusqu'à la pauvreté, au sordide. L'avarice est un vice repoussant, sous quelque forme qu'il se présente.

Une autre obligation qui naît de cette richesse, c'est celle de n'être jamais vulgaire ou trivial. Mais il est essentiel de ne point confondre la vulgarité avec l'habitude de reproduire certains motifs, certains types en usage, consacrés par le goût et qui, loin d'accuser de stérilité celui qui les reproduit, dénotent au contraire chez lui une connaissance étudiée des bons modèles, et une justesse d'esprit qui dirige l'application de ses études. Vouloir sans cesse trouver du nouveau, après tout ce qui a été fait par les plus habiles artistes, c'est courir après le bizarre plutôt qu'après le beau. Aussi, malgré les immenses trésors offerts au génie et à la main de l'artiste, n'existe-t-il, à proprement parler, qu'un nombre assez restreint de combinaisons-types, dont les détails sont variables à l'infini; mais, dans le fond, l'ordonnance se reconnaît toujours.

On comprend au reste, d'après ce qui vient d'être dit, qu'il serait extrêmement difficile, et même impossible de découvrir des règles quelque peu précises pour un art dont le caprice, la fantaisie et la mode sont les premiers inspirateurs. Il y a néanmoins quelques principes généraux qu'il importe de ne point perdre de vue.

Tout le monde peut comprendre que le genre, ce qu'on pourrait appeler l'*esprit* d'une décoration d'ornement, doit varier selon le caractère du lieu qu'il s'agit de décorer. Le diapason est ordinairement donné par le style de l'architecture, dont l'ornementiste doit avoir l'intelligence.

L'architecture imitée de l'antique a déterminé presque invariablement le caractère d'ornementation qui convient à chacun de ses ordres, et même à chaque membre, à chaque moulure de chaque ordre, en raison du degré de sévérité ou d'élégance de l'ordre même. Le solennel Dorique n'en reçoit qu'avec réserve, tandis que le gracieux et svelte Corinthien se pare depuis la base de ses colonnes jusqu'à sa cimaise, de rais-de-cœurs, d'entrelacs, de feuillages, de perles, de fleurs, de rinceaux historiés, de festons et de figures d'animaux.

Ce serait donc un contre-sens que de répandre une décoration d'ornement fleurie, et coquette, dans une localité où le style dorique est apparent, quelle que soit sa destination, ou de se montrer parcimonieux dans une autre où l'ordre corinthien montre son luxe efflorescent.

Il y a bien plus d'inintelligence encore à mélanger des styles qui appartiennent à des temps absolument étrangers entre eux; à introduire, par exemple, de la décoration gothique dans un lieu dont la disposition n'est nullement dans les conditions de l'architecture qui porte ce nom. On voit cependant, même dans des édifices qui devraient servir comme d'écoles de goût, les ogives, les clochetons, les pignons, les crosses, les choux, les roses, les trèfles du XIIIe siècle (1), couvrir de leurs formes insolites, par l'entremise de la peinture, de la boiserie, ou du carton-pierre, les parois d'une salle, d'une galerie, d'une chapelle où règnent l'arcade ou la voûte à plein-cintre, l'architrave, le plafond; où le jour pénètre par de larges fenêtres quadrangulaires, garnies de verre blanc et de rideaux; où les portes sont ornées de chambranles. Tout cela est aussi absurde qu'une décoration de Pompéi, étalée sur les murs d'une salle gothique.

La même chose est à dire de l'imitation des arabesques des loges du Vatican, sur les panneaux de boiserie d'un boudoir à moulures tourmentées dans le style bizarre de Louis XV, ou des ornements de Boucher dans un salon où se reconnaît la rigide architecture de l'époque républicaine ou de l'époque im-

(1) Voyez la note de la page 120.

périale. Chaque époque a son cachet, que l'ornementiste doit connaître et observer.

Avec une architecture fine et efflorescente, comme celle des beaux temps de la Renaissance, il faut une ornementation abondante, comme celle des loges de Raphaël, ou coquette, comme celle de J. Goujon. Avec l'architecture mâle et ample de Louis XIV, la décoration a besoin d'être étoffée, ainsi qu'on la voit à la chapelle de Versailles et aux plafonds de la grande galerie du château, ou à ceux de la galerie d'Apollon, au Louvre. L'architecture sèche de l'empire voulait la décoration un peu grêle de Percier. Voilà de ces rapports qu'un décorateur de talent saura toujours saisir et observer.

Il est plus nécessaire encore d'harmonier le caractère de sa composition ainsi que le choix des objets qui doivent y entrer, au caractère du lieu qui est à décorer, et à sa destination; de ne point admettre des attributs religieux dans une salle de divertissements; des figures nues, des chimères ou des êtres mythologiques, dans un lieu consacré à la prière ou à l'édification. Quelque richesse qu'il soit permis, qu'il soit convenable même de déployer dans la décoration d'un sanctuaire, elle ne donne point le droit d'y faire entrer des frivolités, sous quelque forme que ce soit; d'y multiplier les guirlandes de fleurs et de perles, quoiqu'on voie beaucoup de curés encombrer tellement leurs autels de bouquets de papier ou de percale, dans des vases de porcelaine et de tôle vernie, que quelquefois on a peine à y découvrir la figure du Christ ou celle du saint à qui l'autel est dédié. Les autels des anciennes

basiliques et des églises du moyen-âge étaient absolument libres et isolés, ne supportant que deux ou
quatre chandeliers. Ils étaient même dépourvus de ta-
bernacle. On ignorait, jusqu'à la Renaissance, tous ces
prétendus embellissements de mauvais goût; il ne faut
donc point s'en autoriser pour faire sortir la décoration du caractère de chaste sévérité qu'elle doit avoir.

Une autre chose à éviter, c'est de représenter sur
un pavé d'une église, sur un parquet d'appartement,
sur le tapis fait pour recouvrir l'un ou l'autre, des objets qui semblent accrocher les pieds et devoir vous
faire trébucher à chaque pas. Il est vrai, pourtant,
que les anciens se plaisaient à représenter en mosaïque, sur le plancher de leur salle à manger (*cœnatorium*), des débris de carcasses d'animaux, des fruits
et autres *reliefs*, censés tombés de la table ou jetés à
terre, ce qui donne une assez mauvaise idée de la
propreté observée chez eux dans les repas. Mais tout
ce qu'ont fait les anciens, ne doit pas être imité servi-
lement. Il est absurde encore de figurer, sous les
pieds, des voûtes, des vitraux, car on ne marche ni
sur des voûtes, ni sur des vitraux; car de semblables
représentations, hors de leur lieu, donnent le ver-
tige au spectateur. Le mieux sera toujours de s'en
tenir, pour les pavés et parquets, aux dessins géométriques qui présentent des combinaisons à l'infini,
ou du moins aux ornements en teintes plates, sauf,
pour leur donner plus de richesse ou d'élégance, à
multiplier les couleurs autant qu'on voudra ou que le
permettra la nature des matériaux employés. L'essentiel est de faire en sorte qu'un pavé ou un parquet ne

paraissent jamais être autre chose qu'un pavé ou un parquet.

Le mieux pour un dessinateur de tapis, sera toujours aussi, quelque luxe de composition ou de couleurs qu'il déploie, que son tapis ait bien l'air d'avoir été fait pour qu'on marche dessus, et non d'avoir été décroché de la muraille par accident ou par occasion.

Il suffit du simple bon sens pour faire comprendre qu'une même chose ne peut convenir à des places ou à des aspects si différents les uns des autres : et à cette occasion nous nous permettrons de dire, nonobstant toutes les autorités qu'on pourra nous opposer, qu'il n'y a point de raison à peindre ou à sculpter des figures naturelles, ou à représenter des statues ou des monuments, même des montagnes, des navires, sur la surface d'une voûte ou d'un plafond, où l'on ne peut les contempler qu'avec un torticolis et sous des points de vue qui disloquent et démantibulent les objets, en même temps que ces objets, qui semblent ne tenir là que par une sorte de prestige, menacent sans cesse de vous écraser par leur chute ; c'est un véritable cauchemar. L'art, créé pour le plaisir des yeux, ne doit être ni un sujet d'effroi, ni un sujet de fatigue. Toutes les fois qu'il produit l'un de ces deux effets, il fournit lui-même la preuve qu'il n'est pas à sa place.

A part les empyrées, les gloires, les figures qui volent, sujets dont la nature explique la position au-dessus du vide, ne devrait-on pas se borner, pour les plafonds, les voûtes et les coupoles, outre les caissons, les rosaces, leurs ornements quasi-naturels, à des décorations de marqueterie, d'arabesque, de

simple ornementation, qui n'offrent aucun de ces inconvénients et peuvent donner toute la richesse et
toute l'élégance désirables ?

Il y a de la maladresse et du mauvais goût à figurer
une corniche en peinture, ou même en demi-relief,
sous une corniche réelle, d'abord parce que ni l'architecture, ni la raison n'admettent cette duplication
inutile, ensuite parce que le relief puissant du membre réel écrasera toujours le relief imparfait du
membre figuré, et parce que l'opposition de la perspective et des jours essentiellement changeants du
premier, selon les variations du point de vue où se
place le spectateur et celles de la lumière, à la perspective et aux jours immobiles du second, produit des
effets faux et ridicules.

Ce qui est dit de l'emploi des doubles corniches doit
être entendu de toute espèce de supports, tels que
consoles, modillons, pilastres ; et à plus forte raison,
des colonnes ou colonnettes, et des ordres entiers.

La décoration, encore une fois, ne peut jamais être
que l'auxiliaire de l'architecture. Inventée uniquement
pour la parer, c'est-à-dire pour la faire valoir, elle ne
doit jamais lutter avec elle, et chercher à l'effacer. Son devoir est de la respecter jusque dans ses
écarts ; de revêtir ses membres, et non de les briser ;
de se contenter de la place qui lui est assignée, et non
de s'en faire une malgré tout ; de suivre le mouvement indiqué par la forme du membre ou de l'espace
sur lequel elle se déploie, et non de le contrarier.

Le décorateur inscrit fort bien un groupe, un ajustement sphérique, rhomboïde ou elliptique, dans un

champ circonscrit par le carré ou le parallélogramme, et *vice versâ*, pourvu que les axes se correspondent, et que la pondération s'établisse d'une manière sensible entre les pleins opposés aux pleins, les vides opposés aux vides. Ainsi, les figures diverses, inscrites les unes dans les autres, *fig.* 65, 68, 79, 82 (planche 18), 246, 247, 250 (planche 27), n'offrent rien de choquant, parce que toutes ces figures étant régulières, quoique ayant des conditions différentes, les vides se correspondent également d'une manière parfaite, et il s'établit une pondération symétrique qui empêche que l'harmonie soit rompue. Si l'on sortait de ces principes, c'est-à-dire si cette pondération symétrique n'existait pas, l'assemblage incohérent de ces figures de principes différents ne serait point supportable, à moins qu'un motif ou un moyen puissant, saisissable au premier coup-d'œil, ne rendît compte sur-le-champ de la divergence, et ne rétablît ainsi par le sens moral l'harmonie troublée dans l'ordre géométrique. On peut dire que cela existe surtout à l'égard des figures d'hommes ou d'animaux, ou êtres animés n'ayant pas une situation habituelle qui les caractérise, et à l'égard des objets meubles, qui sont susceptibles de se renverser ou de tomber. Un livre, une arme, un ustensile quelconque, peuvent se placer dans toutes les positions sans rompre l'harmonie.

La régularité de pondération n'est pas exigée aussi absolument lorsqu'on représente de tels sujets dans un médaillon ou cartouche, même lorsqu'il s'agit d'un édifice qui ne possède point une forme régulière, ou si par un effet de perspective, il décroît dans ses parties fuyantes. Mais il serait maladroit de négliger de faire correspondre au moins l'axe vertical du sujet, ou de l'objet, tel qu'il est représenté, avec l'axe vertical du cartouche ou médaillon, à moins qu'il ne s'agisse d'un tableau proprement dit, car alors c'est le tableau entier qui fait le sujet, et non l'édifice, ou la figure, ou le groupe isolément.

§ V. DES CONNAISSANCES NÉCESSAIRES A L'ORNEMENTISTE.

L'ornementiste doit posséder au moins les premiers éléments de la géométrie descriptive, afin de savoir se rendre compte des proportions relatives et du tracé des figures géométriques qu'il emploie : calculer les rapports de son œuvre avec la place qu'elle doit occuper : retrouver le centre perdu d'une courbe : décrire avec sûreté une ellipse ou une volute.

Il doit être assez fort sur les principes et le dessin de l'architecture, dont il peut avoir souvent besoin de reproduire les formes, et les détails, à laquelle il doit se rattacher souvent, lorsqu'il est appelé soit à lui servir d'auxiliaire, comme sculpteur, soit de décorateur, comme peintre. La connaissance de l'architecture sert d'ailleurs, même quand il n'est point question d'édifice, ou d'appartement, à donner le goût raisonné de l'échelle des proportions entre l'objet à décorer et le décor qu'on lui applique.

L'étude de l'architecture se complique beaucoup depuis que le goût s'est reporté vers l'art du moyen-âge. A celle des *ordres antiques*, il est donc devenu indis-

pensable de joindre celle des *époques de l'art roman*
ou *byzantin* et de *l'art gothique* (1), qu'il n'est pas
plus permis de confondre, qu'il n'est permis de mêler
du dorique avec du corinthien, et qui surtout ne
peuvent, sous aucun prétexte, unir leurs formes avec
celles de l'architecture grecque ou romaine.

L'ornementiste n'a pas moins besoin de savoir dessiner avec une certaine élégance, la figure humaine,
nue ou habillée, car il a souvent besoin de l'introduire dans ses compositions, et si l'on n'exige pas de
sa part la pureté de dessin qu'on recherche chez un
peintre d'histoire, encore faut-il qu'il n'offre pas aux
yeux des figures contrefaites ou disloquées, aux mouvements impossibles, malgré qu'il lui soit permis d'ou-
trer les mouvements, et même de les forcer quelque
peu, suivant ce que la place exige.

La zoologie ne doit pas non plus lui être étrangère,
car certaines familles d'animaux, tels que les lions, les
tigres, les aigles, les chevaux, les monstres marins,
entre une foule d'autres, jouent un grand rôle dans ce
genre décoratif. L'ornementiste en doit bien connaître
les belles formes et les habitudes, d'abord pour placer les figures à propos, ensuite pour être vrai, sinon
toujours de la vérité de la nature, au moins de cette
vérité de convention que les anciens ont en quelque
sorte consacrée, mais qui n'est cependant au fond que
de la nature arrangée. Leurs animaux, si fabuleux

(1) L'ornementiste trouvera d'utiles connaissances sur le caractère
de ces diverses époques, dans le Vocabulaire placé à la suite du *Manuel de l'Architecture des Monuments religieux*, et de nombreux
types dans l'Atlas qui l'accompagne.

qu'ils soient, offrent toujours la justesse des proportions et des agencements anatomiques. On sent bien que rigoureusement ces animaux pourraient agir et vivre, à la différence de la plupart des figures produites par l'art moderne, lesquelles, si elles venaient à s'animer, seraient hors d'état de faire un mouvement, tant leurs membres sont disloqués.

Il ne faut pas que le décorateur cherche à justifier cette imperfection par la tolérance qui lui est accordée pour les sujets d'architecture. S'il a été dit que presque toujours les édifices qui entrent dans l'ornementation, seraient incapables de se tenir sur pied dans la réalité, on peut objecter qu'il suffit qu'ils puissent s'élever momentanément en toile ou en carton, et offrir une stabilité suffisante pour un jour de fête. On ne demande pas davantage pour une décoration, qu'une possibilité d'existence transitoire; mais une figure humaine ou animale, incapable de se mouvoir, n'est qu'un être infirme, estropié, ou un ridicule mannequin, à qui l'on ne peut supposer la vie un seul instant. L'ornement, dont le but essentiel est de plaire à la vue, d'embellir le lieu, la place dont il s'empare, y parviendra difficilement, en allant chercher ses motifs dans les cabinets de l'orthopédiste.

La botanique et la carpographie, pour le moins leurs principales espèces, feront aussi partie des études de l'ornementiste, les fleurs et les fruits constituant une partie considérable des éléments de l'ornementation.

Il faut conseiller encore à l'ornementiste quelques études des parties de l'histoire naturelle qui traitent des coquilles, des madrépores, des bois, des marbres, des gemmes, des cristaux, et de leurs formes. Il y trouvera de précieuses ressources pour varier d'une manière intelligente ses compositions. Celui qui posséderait jusqu'à un certain point les diverses connaissances que nous venons d'énumérer, élargirait considérablement et avec bonheur le domaine de l'ornementation, que le manque d'une instruction suffisamment développée a concouru à restreindre jusqu'ici dans les limites des éternels poncis, empruntés invariablement aux vases étrusques, aux bains de Titus et aux loges de Raphaël, modèles parfaits sans doute, mais qui n'ont pas résumé toutes possibilités de l'art et du goût.

On ne saurait trop recommander à l'ornementiste-peintre l'étude du coloris et de l'harmonie des couleurs. Des figures exécutées sèchement et durement, des tons criards, opposés les uns aux autres, peuvent rendre détestable dans l'exécution, la composition la plus heureuse et la plus agréable comme disposition, et comme choix ou agencement des détails. Ce genre de peinture exige plus que tout autre de la grâce, de l'harmonie et une élégance soutenue, parce qu'il n'a ni les effets de lumière, ni ceux de perspective, ni l'intérêt puissant d'un sujet, qui, quelquefois, dans un tableau, compensent jusqu'à un certain point l'absence de ces qualités.

Enfin, l'ornementiste jaloux d'acquérir toutes les connaissances qui peuvent concourir à la perfection de son art, étudiera les maîtres antiques grecs et romains, sur les anciens monuments, et les vases; ceux du moyen-âge, dans les monographies, sur les vitraux des édifices et les manuscrits illustrés du temps ; les maîtres postérieurs à la Renaissance dans les œuvres des artistes dont les noms ont été rappelés tout-à-l'heure, ainsi que dans celles de Ducerceau, de Lebrun, de Vatteau et autres, qui lui montreront le goût particulier à leur époque.

Enfin l'ornementiste doit posséder quelques connaissances en géométrie descriptive, et en perspective linéaire ; en géométrie, car elle lui est indispensable pour calculer des proportions, et tracer des formes pures ; en perspective linéaire, car il lui arrive souvent d'avoir dans ses compositions à représenter des détails, des objets en dehors du simple géométral, et qu'il lui serait quelquefois absolument impossible de rendre même par approximation, si les règles de cette science ne venaient à son secours. Elle lui offrira en outre l'avantage de l'éclairer sur le choix de son point de vue ; de l'empêcher de tracer des courbes forcées et disgracieuses ; de montrer sur un même plan, comme on ne le voit que trop souvent dans des décorations de magasins et même d'appartement, d'ailleurs exécutées avec quelque talent de main et quelque entente de la couleur, des objets vus les uns de haut, et les autres de bas, ou sous tels autres aspects non moins contradictoires, dont l'inintelligente disposition détruit tout le mérite, et tout l'agrément du reste du travail.

GÉOMÉTRIE.

La géométrie n'a pas seulement pour objet de régulariser les formes et d'enseigner leurs proportions exactes. Elle apprend, c'est le côté sous lequel nous nous sommes à peu près borné à l'envisager ici, dans l'intérêt de la pratique et de l'économie du temps: elle apprend, disons-nous, à les tracer correctement, sans hésitation, sur une simple donnée, comme lorsqu'il s'agit de construire un polygone régulier, dont un seul côté est connu. En nous plaçant à ce point de vue, nous avons choisi et multiplié les problèmes, dont le plus grand nombre, que nous sachions, ne se trouve dans aucun traité, d'après les besoins usuels que nous a révélés notre propre expérience. Ce chapitre est donc un petit cours de géométrie réellement pratique, où un ornementiste trouvera tout ce qu'il peut lui être indispensable de savoir.

PROPOSITIONS (1).

Des Lignes.

1. On admet trois sortes de lignes : la ligne *droite* (*Pl.* 13, *fig.* 1re), qui est la plus courte qu'on puisse conduire d'un point à un autre.

---

(1) Pour éviter le trop grand nombre de divisions qui surchargeraient inutilement le livre que nous présentons comme un simple *Manuel*, et non comme un *Traité*, nous comprenons, contre l'usage, sous ce titre général de PROPOSITIONS, les *définitions* et tout ce qui appartient à la théorie, formulé en manière d'axiomes. Tout ce qui

La ligne *brisée a b d e c f (fig.* 2), qui est composée de lignes droites.

La ligne *courbe a k (fig.* 3), qui n'est ni droite, ni composée de lignes droites, et qui se décrit ou peut toujours se décrire d'un centre (ou de plusieurs centres).

Les figures formées par des lignes droites se nomment *figures rectilignes;* par des lignes courbes, *figures curvilignes;* par des lignes droites et des lignes courbes, *figures mixtes.*

2. Deux lignes sont *parallèles* entre elles, A B, C D (*fig.* 4), quand tous les points de l'une sont à égale distance des points correspondants de l'autre, de telle manière qu'on les peut prolonger toutes deux jusqu'à l'infini, sans que jamais elles puissent se rencontrer.

3. Deux lignes parallèles à une troisième sont nécessairement parallèles entre elles.

4. Celles qui se rencontrent ou tendent à se rencontrer, comme *a b, a d (fig.* 5), sont appelées lignes *convergentes;* celles qui tendent à s'écarter, comme *b a, d a* (vues dans l'autre direction), lignes *divergentes.*

5. La ligne *horizontale* est celle qui est parallèle à l'horizon, A B (*fig.* 6).

regarde la pratique se trouve donc ci-après, sous le titre également général de PROBLÈMES. Les lecteurs qui tiendront à étudier plus particulièrement la science, pourront se procurer le *Manuel de Géométrie,* par M. Terquem, ouvrage autorisé par l'Université, et qui fait partie de l'*Encyclopédie-Roret.*

6. La ligne *verticale* est celle qui tombe à plomb sur la ligne horizontale *c d* (même figure); on l'appelle aussi perpendiculaire.

7. Mais toute ligne est perpendiculaire à une autre, lorsqu'elle la coupe, la rencontre, ou tend à la rencontrer, de telle manière que son point opposé au point de rencontre ou d'intersection ne se rapproche pas plus d'un côté que de l'autre de l'autre ligne (Proposition 21, *angle droit*); ainsi la ligne horizontale est perpendiculaire à la ligne verticale, comme celle-ci à la ligne horizontale. On ne peut mener du même point plus d'une perpendiculaire à la même ligne.

8. Deux lignes *a b*, *c d*, qui sont *perpendiculaires* à une troisième E F, sont nécessairement parallèles entre elles (*fig.* 7).

9. Une ligne qui n'est ni parallèle, ni perpendiculaire à une autre, lui est *oblique*, quelle que soit son inclinaison sur elle (*a* D ou *b g* par rapport à O P, *fig.* 8). La seule appellation de *ligne oblique* indique l'obliquité de cette ligne par rapport à l'horizon. On ne peut mener du même point plus de deux lignes droites obliques de même longueur, touchant une autre ligne droite. (Prop. 44).

10. Toute ligne *oblique* à une autre O P (*fig.* 8) est nécessairement *oblique* à la perpendiculaire de celle-ci F D.

11. La ligne *diagonale* est celle qui joint les sommets de deux angles opposés *a b*, *c d* d'un polygone (*fig.* 10, 12, 12 *bis*, 13, 14, 15, 16). Voyez *angles* et *polygones*.

12. Une ligne droite est appelée *tangente* à la circonférence, ou simplement tangente, lorsqu'elle ne touche celle-ci extérieurement que par un seul point qu'on nomme *point de contact*. (Prop. 46.)

13. Une ligne qui passe par la circonférence et la coupe à deux points, est appelée *séquente, c d* (*fig.* 25).

Des Surfaces.

14. La *surface*, en géométrie, est ce qui a étendue, c'est-à-dire longueur et largeur, mais sans épaisseur, soit le dessus d'une feuille de papier, etc.

15. Le *plan* est une surface unie qu'une ligne droite couchée sur elle touchera par tous ses points et dans tous les sens; cette surface est appelée surface *plane*.

16. Une surface peut être composée de plusieurs plans. Son profil est alors une ligne brisée.

17. Toute surface qu'une ligne droite ne peut toucher qu'en un point, est une surface *courbe* (concave ou convexe).

Des Angles.

18. Un angle est l'espace enclavé entre deux lignes droites (ou courbes) qui se rencontrent en un point (*fig.* 5). Le point de rencontre *a* se nomme le *sommet de l'angle;* les lignes *a b*, *a d* sont les *côtés de l'angle*.

19. L'angle formé par deux lignes droites est un *angle rectiligne;* l'angle formé par deux lignes courbes (*fig.* 11) est un *angle curviligne.*

20. L'angle se désigne par la seule lettre de son sommet *a* (*fig.* 5), ou par trois lettres, en plaçant toujours la lettre du sommet entre les deux autres *b a d*.

21. L'angle est *droit, aigu* ou *obtus; saillant* ou *rentrant.*

L'angle *droit* est celui qui est formé par la rencontre de deux lignes perpendiculaires l'une à l'autre A *o* E (*fig.* 6), et qui, prolongées chacune, produiraient trois autres angles parfaitement égaux au premier A *o d*, *d o* B, *c o* B (même figure). Voyez ci-après : *De la mesure des figures*, 68.

L'angle *aigu* O D *b*, O D *a*, *b* D *a*, *b* D F, *a* D F, *g* D P (*fig.* 8) est formé par deux lignes, dont l'écartement est moindre que celui des lignes qui donnent l'angle droit O D F.

L'angle *obtus b* D P, *a* D P, O D *g* (même figure), est l'angle dont l'ouverture est plus grande que celle de l'angle droit.

22. Deux angles quelconques qui sont formés par la prolongation de leurs côtés, sont dits *opposés à leur sommet*, tels sont : A *o d* et *c o* B, A *o c* et *d o* B (*fig.* 6), O D *b* et *g* D P, O D *g* et P D *b* (fig. 8).

23. Deux lignes qui se croisent déterminent toujours quatre angles droits, opposés à leur sommet, si elles sont perpendiculaires l'une à l'autre, A *o c*, A *o d*, *c o* B, B *o d* (*fig.* 6, Prop. 41); et si elles sont obliques l'une à l'autre, deux angles *aigus* opposés à leur sommet et égaux entre eux, O D *b*, *g* D P, et deux angles *obtus* pareillement opposés à leur sommet et égaux entre eux, *b* D P, O D *g* (*fig.* 8).

24. Tout angle est *saillant*, considéré de son extérieur *b a d* (*fig.* 5), et *rentrant*, vu par son intérieur.

25. Un angle est dit *adjacent* à un autre lorsque tous
deux ont un côté commun, comme A *o* (*fig.* 6) est
aux deux angles A *o c* et A *o d*; comme *b* D (*fig.* 8) est
aux deux angles O *d b* et *b* D *a*, ou *b* D F.

Des figures à plusieurs côtés, ou Polygones.

26. Une surface plane enfermée par des lignes
droites, ayant nécessairement plusieurs côtés, et,
par conséquent, plusieurs angles, s'appelle générique-
ment *polygone*, quel que soit le nombre de ces côtés et de ces angles.

Des Triangles.

27. Le *triangle* (*fig.* 9) est le plus simple de tous
les polygones, puisqu'il n'a que trois côtés, et qu'il
ne faut pas moins de trois lignes droites pour enfermer une surface.

Le triangle *rectangle* est celui qui a un angle droit
B C A, *c a b* (*fig.* 9 *et* 10).

Le triangle *équilatéral* est celui qui a ses trois
côtés égaux *c a b* (*fig.* 11).

Le triangle *isocèle* n'a que deux côtés égaux *c d*, *d b*
(*fig.* 12) *c a*, *a d* (12 *bis*).

Le triangle *scalène* a ses trois côtés inégaux *a d b*
(*fig.* 13).

Les triangles *isocèle* et *scalène* peuvent être aussi
des triangles *rectangles*, *o d l*, *m n o* (*fig.* 64 *et* 64 *bis*).

28. On appelle *base* du triangle, le côté A B (*fig.* 9), *cb* (*fig.* 10), *kb* (*fig.* 13), sur lequel on aura abaissé une perpendiculaire, de l'angle qui lui est opposé, comme C*d*, a*f*, *dc* (mêmes figures), ou a*k* (*fig.* 13) abaissée extérieurement sur le côté a*b* prolongé du triangle a*eb*, et, *sommet* du triangle, l'angle d'où l'on aura abaissé cette perpendiculaire. Ces diverses perpendiculaires sont *la hauteur* du triangle.

Chacun des trois côtés du triangle équilatéral peut être sa base, et, conséquemment, chacun de ses trois angles, son sommet. La base du triangle rectangle se nomme l'*hypothénuse*. (*Voir* encore pour les *triangles*, les Propositions 71, 72, 73.)

Des autres Polygones.

29. On entend par *quadrilatère*, tout polygone ayant quatre côtés. (Prop. 71, 72.)

Il y a plusieurs sortes de quadrilatères :

Le *carré*, dont les quatre côtés sont égaux et forment quatre angles droits (*fig.* 14).

Le *rectangle*, dont les angles, pareillement, sont droits, mais dont les deux côtés opposés sont inégaux aux deux autres (*fig.* 15).

Le *rhombe* ou *losange*, dont les quatre côtés sont égaux, et chacun parallèle à celui qui lui est opposé, mais qui a deux angles aigus et deux angles obtus (*fig.* 16).

Le *parallélogramme* ou *rhomboïde*, qui a, de même, deux angles aigus et deux angles obtus, mais dont les côtés ne sont égaux et parallèles que deux à deux (*fig.* 17).

Le *trapèze*, dont deux côtés seulement sont parallèles (*fig.* 18).

Le *quadrilatère* à forme variable, dont tous les angles et tous les côtés sont inégaux entre eux (*fig.* 18 *bis*).

30. Les diagonales de tout quadrilatère régulier, dont les côtés opposés sont égaux et parallèles entre eux, se coupent mutuellement en deux parties égales, *a b*, *c d* (*fig.* 14, 15, 16, 17), et leur point d'intersection détermine le point central de l'*aire* ou surface.

Il n'en est pas de même du *trapèze* et du *quadrilatère* irrégulier.

31. Les autres polygones rectilignes sont :

Le *pentagone*, ou figure à cinq côtés égaux ou inégaux entre eux (*fig.* 19);

L'hexagone, qui en a six (*fig.* 20);

L'heptagone, qui en a sept (*fig.* 58);

L'octogone, qui en a huit (*fig.* 21);

L'ennéagone, qui en a neuf;

Le décagone, qui en a dix;

L'hendécagone, qui en a onze;

Le dodécagone, qui en a douze, etc.

Lorsque les côtés d'une figure sont égaux entre eux, le polygone est dit *régulier;* lorsqu'ils sont inégaux, le polygone est dit *irrégulier*, tout en conservant son nom tiré du nombre de ses côtés.

Du Cercle.

32. La *circonférence* du *cercle* est une ligne courbe prolongée A B C D (*fig.* 22), dont les deux bouts se confondent, et dont tous les points sont également éloignés d'un point intérieur E, qu'on appelle centre.

33. Le *cercle* est l'aire enveloppée, ou autrement, la surface ou le *plan* terminé par la *circonférence.*

34. On appelle *diamètre*, toute ligne droite B D, A C, passant par le centre, aboutissant, par chaque extrémité, à la circonférence, et la divisant, par conséquent, ainsi que le *cercle*, en deux parties égales;

Et *rayon*, ou demi-diamètre, la partie de cette ligne E A, E B, E C, E D (*ibid.*) qui va du centre à la circonférence.

On peut concevoir, dans un cercle, une infinité de diamètres et de rayons.

35. Toute circonférence, quel que soit son diamètre, se divise en 360 parties égales ou degrés, qu'on marque par d ou ^{o}; chaque degré se subdivise en 60 minutes, qu'on marque par m ou ', et chaque minute en 60 secondes, qu'on marque par s ou ''. On exprimera donc 15 degrés 12 minutes 40 secondes, par $15^d 12^m 40^s$ ou $15^o 12' 40''$. Cette dernière manière est la plus généralement usitée.

36. Un polygone est dit *inscrit*, quand les sommets de tous ses angles touchent la circonférence (*fig.* 54, 57, 58, 60).

Quand un polygone est inscrit dans le cercle, le cercle est dit *circonscrit* à ce parallélogramme.

Pareillement, un cercle peut être *inscrit* dans un parallélogramme (*fig.* 62), dont tous les côtés sont des tangentes (Prop. 12 et 46) à autant de points de sa circonférence, et alors le polygone est *circonscrit* à ce cercle.

37. Le nombre des diamètres et des rayons du cercle et des points de la circonférence, étant infini, on peut inscrire, dans le cercle, un nombre infini de triangles et autres polygones (*fig.* 24, 54, 57, 58, 60.)

38. Un angle est dit *inscrit* dans le cercle, quand son sommet *a* (*fig.* 23) touche la circonférence, et que ses deux côtés *a b*, *a c*, sont deux cordes ou sous-tendantes.

39. L'angle dont le sommet A est au centre, se nomme *angle au centre.*

40. Tout polygone régulier peut être inscrit dans le cercle ou lui être circonscrit.

41. Deux diamètres, A C, B D (*fig.* 22), se coupant perpendiculairement (*voyez* 21), déterminent quatre angles droits, BEA, AED, BEC, CED, d'où il résulte que le cercle ne peut contenir plus de quatre angles droits. (Prop. 68.)

42. Une portion de circonférence, moins grande qu'une demi-circonférence, est appelée *arc*, AB, CF, F D (*fig.* 22), *a b*, *a c*, B *b*, C *c* (*fig.* 23). La ligne droite qui relie ses deux extrémités, s'appelle *sous-*

tendante de l'arc, ou simplement *corde*. La corde est moindre que le diamètre.

43. On nomme *segment* de cercle, la portion de cercle ou l'aire enfermée entre l'arc et sa corde;

Et *secteur*, celle qui est enfermée entre l'arc et deux rayons B E C, D E F (*fig.* 22), A B C (*fig.* 23).

44. Une ligne droite ne peut rencontrer plus de deux points de la circonférence B D, B A, C F (*fig.* 22), et par conséquent plus de deux rayons égaux du cercle à leur extrémité (Prop. 9).

45. La ligne droite tracée dans le cercle, et aboutissant par ses deux extrémités à la circonférence, est une *ligne inscrite*.

46. Toute ligne *tangente a c* (*fig.* 26) est nécessairement perpendiculaire à un rayon *d b* aboutissant au point de contact *b*.

47. Une circonférence peut être tangente à une autre circonférence (*fig.* 27); la ligne A C qui passera par le *point de contact* D et par le centre de l'une des deux circonférences, passera nécessairement par le centre de l'autre circonférence.

48. Le rayon G H (*fig.* 25) perpendiculaire à une corde *a b*, la divise nécessairement par le milieu, ainsi que l'arc sous-tendu *a* H *b*.

49. Deux cordes égales sous-tendant deux arcs égaux sont également éloignées du centre.

De deux cordes inégales, la plus grande est la plus rapprochée du centre.

Des Plans.

50. Un plan peut être terminé par un polygone ou par une circonférence.

Tout point, toute ligne droite, sont toujours censés être dans un plan.

Deux plans qui se rencontrent ou se coupent à angle droit sont perpendiculaires l'un à l'autre. Tels sont $a\,c\,d\,b$, $e\,g\,h\,f$, $x\,r\,z\,p$, par rapport à A B C D (*fig.* 28), et réciproquement, ou $a\,c\,d\,b$ par rapport à $e\,g\,h\,f$ (même figure).

Un plan qui touche une circonférence par un seul point, est tangent à cette circonférence, et perpendiculaire au rayon aboutissant à ce point. (Prop. 12 et 46).

51. Comme un point est toujours un point, sous quelque aspect qu'on l'envisage, on peut supposer une infinité de plans passant en tous sens, verticalement, horizontalement, obliquement, et sous tous les angles possibles, par ce point.

Il en est de même à l'égard d'une ligne, mais seulement en tant que le plan ou les plans sont dans le sens de sa longueur ou passent par chacune de ses extrémités; dans toute autre direction, ils la couperaient.

52. Si deux plans, ou un plus grand nombre de plans, soient $a\,c\,d\,b$, $e\,g\,h\,f$, $x\,p\,z\,r$ (*fig.* 28), se coupent, leur intersection sera une ligne droite M N. Cette ligne peut être considérée comme un axe autour duquel ces plans sont censés tourner ou pouvoir tourner. Leur écartement, comme celui de deux lignes, détermine des angles droits, s'ils sont perpendiculaires entre eux, tels que $a\,c\,d\,b$, $e\,g\,h\,f$; aigus, obtus, si ces plans sont obliques l'un à l'autre, comme $x\,p\,z\,r$ est à $a\,c\,b\,d$, ou comme A D est à B C (*fig.* 29); et ces angles, comme ceux produits par deux lignes, se mesurent aussi par l'arc qu'ils interceptent : $g\,e\,f$ (*fig.* 29).

53. Deux plans qui, en se coupant, produisent deux angles aigus opposés à leur sommet, A B E, C E D (*fig.* 29), produisent nécessairement deux angles adjacents obtus, A E C, B E D.

54. Deux plans A B C D, $a\,b\,c\,d$ (*fig.* 30) sont parallèles entre eux, lorsqu'ils sont également éloignés l'un de l'autre dans toutes leurs parties, de manière qu'étendus indéfiniment, ils ne puissent jamais se rencontrer.

55. Une ligne droite B C (*fig.* 31), perpendiculaire à un plan A, est perpendiculaire à toutes les droites qui passent, par son pied C, dans le plan. Le plan est réciproquement perpendiculaire à la ligne.

Des Corps Solides.

56. Le *cube* est un solide à six surfaces carrées égales, dont deux horizontales lorsque les quatre autres sont verticales.

57. Le *prisme* A B (*fig.* 33) est un solide ayant pour bases deux polygones quelconques, égaux et parallèles entre eux, et pour faces latérales plusieurs parallélogrammes $a\,h\,h'\,a'$, $h\,g\,g'\,h'$.

58. La *pyramide* (*fig.* 34) est un solide ayant pour

base le carré ordinairement, ou tout autre parallélogramme, et dont les faces sont des triangles adjacents
unis par le sommet.

59. Le *cylindre* (*fig.* 35) a le cercle pour base à
ses deux extrémités, et la ligne droite pour côté. On
peut le considérer comme produit par la révolution
d'un rectangle *b c d e* tournant sur l'axe immobile A F.

60. Le *cône* (*fig.* 36) n'a qu'une base, qui est aussi
le cercle. Le plan qui passe par son axe A D est un
triangle B A C, qu'on peut supposer produire la surface conique *b* A *c* tournant de même sur son axe.

61. Le *cône tronqué* (*fig.* 37), en partant du même
principe, a le trapèze *a b c d* pour générateur.

62. La sphère (*fig.* 38) est un solide terminé, dans
tous les sens, par une circonférence, et dont tous les
points sont également éloignés du centre. On la peut
imaginer produite par la rotation du cercle, tournant sur son diamètre A C, supposé être un axe.

63. Le rayon de la sphère est une ligne droite menée de son centre à un point quelconque de sa surface; le diamètre est, comme dans le cercle, la ligne
droite qui, passant par le centre, aboutit, par ses
deux extrémités, à la circonférence, n'importe dans
quelle direction.

64. La sphère peut être coupée par un nombre
infini de plans ou cercles, A C, *a b*, *a b*, D B (*fig.* 38),
également dans tous les sens. Ceux qui passent par le
centre, comme A C et D B, et par conséquent par un
diamètre quelconque, sont appelés *grands cercles;*

ceux qui n'y passent pas, comme *a d*, *a b*, sont appelés *petits cercles*.

65. On désigne par le nom de pôles, les deux ex-trémités A C, D B d'un diamètre de la sphère.

66. Tout point placé à la surface de la sphère étant l'extrémité d'un diamètre, est le pôle de tout cercle, grand ou petit, compris dans la sphère auquel ce dia-mètre est perpendiculaire. Il est, par conséquent, à distance égale de tous les points de la circonférence de ce cercle. Ainsi, A, C, sont les pôles des cercles *a b*, D B, et D et B sont les pôles des cercles *a d* et A C.

67. Un plan est tangent à la sphère, dans les mêmes conditions qu'une ligne à une circonférence. (Prop. 12 et 46.)

De la Mesure des Figures.

68. L'*angle* se mesure par le nombre de degrés de l'*arc* intercepté entre ses côtés, en prenant le sommet de l'angle comme centre d'une circonférence dont cet arc est une section.

69. L'angle droit, qui est l'angle normal, a 90 de-grés d'ouverture, A B C (*fig.* 39).

Les angles aigus A B D, D B K, *e b f h*, en ont néces-sairement moins.

Les angles obtus C B K, F B G, en ont nécessai-rement plus, quelle que soit la différence.

70. L'angle ne change point de proportions parce que ses côtés s'allongent ou se raccourcissent, le nombre des degrés compris entre eux étant toujours le même (*fig.* 39). (*Voyez* encore Prop. 76.)

71. Tout triangle est la moitié d'un quadrilatère (*fig.* 10, 11, 12, 12 *bis*, 13).

72. Tout quadrilatère régulier est divisible en deux triangles égaux par une diagonale, et en quatre triangles égaux au moins deux à deux, par deux diagonales. (Mêmes figures et *fig.* 10, 11, 12 et 13.)

73. La hauteur d'un triangle se mesure par la perpendiculaire abaissée de son sommet sur sa base Cd (*fig.* 9), af (*fig.* 10), ad (*fig.* 11), dc (*fig.* 13).

La hauteur d'un rhomboïde ou du rhombe est la perpendiculaire qui mesure la distance des deux côtés ou bases opposées at (*fig.* 16 et 17).

La hauteur du trapèze est la perpendiculaire abaissée d'une de ses bases parallèles sur l'autre mn (*fig.* 18).

74. Le cercle se mesure par son diamètre considéré comme égal au tiers de la circonférence. Quoique la proportion ne soit point parfaitement exacte, elle suffit ordinairement pour la pratique. Mais on approchera davantage encore de l'exactitude en supposant le diamètre divisé en 7 parties, et la circonférence contenir 22 de ces parties, soit 3 diamètres $1/7$ (1).

75. L'arc se mesure relativement au cercle, par ses degrés ou par son rayon, et, relativement à d'autres lignes, par sa corde ou sous-tendante.

76. Le sommet d'un angle étant considéré comme centre d'un cercle, tous les arcs concentriques inter-

---

(1) Cette approximation, en supposant le diamètre divisé en 800 *parties*, ne laisse plus subsister qu'une différence insensible *d'une partie* sur le résultat de l'opération.

ceptés par les côtés de cet angle prolongés à l'infini, sont semblables, malgré leurs grandeurs différentes, parce qu'ils ne peuvent renfermer qu'un même nombre de degrés.

Ainsi, dans la figure 39, A C est semblable à ac, à $a'c'$; A D est semblable à ad, à $a'd'$, et ainsi du reste.

77. L'aire ou surface d'un triangle est égale au produit de sa base multipliée par la moitié de sa hauteur.

Pour multiplier une ligne par une autre, il faut commencer par les convertir toutes deux en nombres arithmétiques en les divisant l'une et l'autre en parties égales.

Soit pour exemple le triangle acb (*fig.* 11), dont la hauteur ad (Prop. 73) étant divisée en 15 parties $\frac{1}{2}$, aura sa base divisée en 18. La multiplication de ce chiffre par 7 $\frac{3}{4}$ moitié de la hauteur, donnera pour surface du triangle 139 $\frac{1}{2}$.

78. L'aire ou surface d'un parallélogramme quelconque est égale au produit de sa base multipliée par sa hauteur. Soient cb par bd (*fig.* 14 et 15), et cb par af (*fig.* 17).

79. La surface ou aire d'un trapèze est égale à sa hauteur multipliée par la moyenne de ses deux bases parallèles additionnées.

80. La surface de tout polygone régulier est égale à la somme de ses côtés multipliée par la moitié du rayon du cercle qui lui est inscrit (Prop. 36 et prob. XXXVII).

81. La surface ou l'aire du cercle est égale au produit de sa circonférence multipliée par la moitié de son rayon (le $\frac{1}{4}$ du diamètre).

PROBLÈMES.

I.

Élever une perpendiculaire sur une ligne et à un point donné.

Soient AB (*fig.* 40) et le point donné C. Marquer de chaque côté de C, à distances égales, *a* B, et, ces deux points établis, décrire d'une même ouverture de compas, à volonté, les petits arcs qui se coupent en *c.* Par leurs points d'intersection, mener C*c*, qui sera *perpendiculaire* à AB.

Si la perpendiculaire devait être élevée sur une extrémité de la ligne A, on prolongerait celle-ci autant qu'il pourrait être nécessaire, pour avoir les deux points *b d,* d'où l'on décrirait les deux petits arcs croisés, afin d'élever la perpendiculaire A*f.*

On peut, par ces deux pratiques, élever une perpendiculaire à toute ligne quelconque, dans tous les cas possibles.

II.

Abaisser une perpendiculaire d'un point sur une ligne donnée.

(*Abaisser,* en géométrie, signifie toujours mener une ligne sur sa perpendiculaire, quelle que soit la position du point d'où cette ligne doit être tirée.)

Soient le point A et la ligne donnée BC (*fig.* 41). Tracer d'une ouverture de compas arbitraire sur la ligne les deux petits arcs *b c*; de leurs points d'intersection avec la ligne, décrire, de l'autre côté de cette

ligne, deux autres arcs se coupant en *d*. *d* A donnera
la perpendiculaire cherchée.

III.

Trouver la ligne horizontale sur une surface verticale
dont toutes les extrémités sont irrégulières ou
inaccessibles.

On peut se servir d'un niveau d'eau. A défaut,
commencer par déterminer la ligne verticale au
moyen d'un à-plomb, d'un simple bout de fil fixé par
un bout, à l'autre bout duquel est attaché un poids
quelconque (*fig.* 42). La ligne verticale *x z* ainsi obtenue, procéder comme il a été dit aux problèmes 40
et 41 pour obtenir une perpendiculaire *o p*, qui sera
l'horizontale cherchée.

On conçoit que, par le moyen de ces deux lignes,
on peut obtenir ensuite par la division des quatre
angles droits qu'elles donnent (Prop. 23), toutes les
obliques intermédiaires dont on aurait besoin, puisque
toute ligne oblique forme ou tend toujours à former
un angle quelconque avec la verticale ou l'horizontale.

IV.

Tracer une ligne parallèle à une ligne donnée.

Soit A B (*fig.* 43) la ligne donnée. Décrire de A,
comme centre, l'arc B *b*, et de B, l'arc A *a* ; puis de
A, à la hauteur voulue, couper A *a* par un petit
arc *p*, et de B couper B *b* par *r*, la ligne *a b* qui passera par les deux intersections, sera la parallèle
cherchée.

V.

Faire passer une circonférence par trois points donnés, non disposés sur une même ligne droite.

Les points donnés étant A B C (*fig.* 44), les réunir par les droites A B, B C. Élever sur le milieu de chacune (prob. I) une perpendiculaire à l'aide des arcs croisés *e f*. Ces perpendiculaires comprendront des diamètres de la circonférence cherchée. Donc, leur rencontre déterminera le centre de cette circonférence.

Cette opération est indiquée à la *page* 82, comme moyen pour retrouver le centre d'un cercle dont on n'a qu'une section.

VI.

Mener d'un point donné une tangente à une courbe, et conséquemment à un cercle donné.

Soit le cercle donné O (*fig.* 45), le point également donné *a* étant à distance, le joindre au centre *b*, du cercle donné, par une ligne *a b*. De *d* pris au milieu de cette ligne, comme un autre centre, tracer une seconde circonférence passant par *b* et coupant le cercle donné en *c*, qui sera le *point de contact*. Tirer *a f* et le rayon *c b*. La ligne *a c*, étant perpendiculaire à *c b*, sera la tangente demandée (Prop. 12, 46).

On voit que la même opération peut se faire du côté opposé.

Si le point donné est sur la circonférence, comme *c* (*fig.* 45) ou *b* (*fig.* 26), il est alors lui-même le *point de contact* ; il suffira de tirer le rayon *b c* ou *d b*, et sa perpendiculaire *a f* ou *a c* sera la tangente demandée.

VII.

Faire passer par un point donné d'une circonférence,
une courbe (intérieure ou extérieure), et consé-
quemment une autre circonférence qui lui soit tan-
gente.

Soient A B D F (*fig.* 27) la circonférence donnée,
D le *point de contact* des deux circonférences, et *o*
un des points par où doit passer la seconde circonférence (intérieure), ou *o'* celui par où passera la circonférence extérieure.

Tirer par le centre de A B D F et par D la séquente
indéfinie A C, qui, nécessairement, passera aussi par
le centre de la circonférence cherchée. Mener *o* D (ou
o' D) qui doit être la corde d'un arc de cette circonférence, et, par le milieu de *o* D (ou *o'*D), tirer sa perpendiculaire *h i* (ou *h'i'*), qui coupera A D C au centre *k* (ou *k'*) de cette même circonférence, d'où on
la décrira par le point D.

On comprend aisément que les lettres *o"h"k"i"*, ne
représentent que l'opération *o' h'k'i'* appliquée à une
plus grande courbe ou circonférence.

VIII.

Diviser un arc en deux parties égales.

Ce n'est autre chose que diviser sa corde par le
procédé indiqué problèmes I et V.

Soit *a b* la ligne ou l'arc donné (*fig.* 46). Décrire
de *a* et de *b* les petits arcs croisés *c d*, et tirer la ligne
c d, ou seulement marquer en passant les points *x*
ou *z*.

IX.

Diviser sans tâtonnements une ligne droite quelconque
en un nombre de parties données.

Soit la ligne AB (*fig.* 47) à diviser en cinq parties
égales. Tirer de l'une de ces extrémités une autre
ligne A c indéfinie et inclinée à volonté. La diviser
arbitrairement en autant de parties que doit être divisée
A B ; tirer du dernier point C la ligne CB, et faire passer des parallèles à cette ligne par tous les autres
points correspondants de A C. A B sera exactement
divisée en cinq parties.

On peut, par un moyen analogue, effectuer proportionnellement, sans recourir aux opérations de détail,
et avec moins d'erreurs possibles, les divisions inégales d'une ligne donnée a b (*fig.* 51), sur une autre
ligne plus longue a c, ou plus courte a d.

Il est inutile de dire que l'on obtiendra de même,
par l'emploi des parallèles, la reproduction exacte des
divisions d'une ligne sur une autre, qui lui sera aussi
parallèle.

X.

Diviser une ligne donnée, de manière que sa plus
grande division soit moyenne proportionnelle entre
l'autre partie et la ligne totale.

Soit la ligne A B (*fig.* 48). La diviser en deux parties égales, A a, a B. Abaisser en A la perpendiculaire A C, égale à A a. Du point C mener l'oblique
CB et décrire l'arc A D. De B, comme centre, décrire l'autre arc D b. Les trois lignes A B, A b et b B

seront les proportionnelles cherchées, et bB, la moyenne demandée.

XI.

Deux lignes inégales étant données, trouver une troisième ligne qui leur soit moyennement proportionnelle.

Premier Moyen.

Soient AB et BC (*fig.* 49) les deux lignes données. Les ajouter l'une à l'autre ; du milieu m de la ligne totale AC, décrire la demi-circonférence AEB. Élever sur le point B la perpendiculaire BE ; elle sera la moyenne voulue.

Deuxième Moyen.

Soient les lignes données ab et cd. Mener, par leurs extrémités, les deux côtés d'un angle $m\ddot{o}n$; abaisser de son sommet la verticale op ; de i et de j décrire deux arcs, dont les intersections donneront les points par où doit passer la moyenne proportionnelle.

XII.

Trouver une troisième proportionnelle plus longue ou plus courte, à deux lignes données de longueurs inégales.

Soient EF et cd les deux lignes données (*fig.* 50). Former, comme dans le problème précédent, l'angle mon. Prendre sur la verticale op, au-dessus de la ligne la plus courte, ou au-dessous de la ligne la plus longue, une distance égale à celle qui sépare les deux lignes données. La parallèle qu'on tirera par cette distance sera proportionnelle en plus ou en moins à celles-ci. Dans l'exemple, *a b* est la proportionnelle en moins de EF et *cd;* et *m n* la proportionnelle en plus de *cd* et *ab.*

XIII.

Diviser un angle en deux parties égales.

Soit l'angle *b a d* (*fig.* 5). Du sommet *a* décrire un arc de cercle à volonté, *ef.* De *e* et de *f* tracer, en-dedans ou en-dehors, selon ce qui sera le plus commode, deux petits arcs qui se croisent en *x*, et mener *a x*, qui divisera l'angle donné en deux angles égaux.

XIV.

Diviser la circonférence en trois parties.

Procéder par la division en 6, ci-après, prob. XVI, *fig.* 65, et prendre la moitié; ou bien reporter trois fois le diamètre sur la circonférence. (Prop. 74.)

XV.

Diviser une circonférence en quatre parties.

Mener un diamètre à volonté B D (ou EF) (*fig.* 60); le croiser par un autre diamètre perpendiculaire A C (ou G H). La circonférence sera divisée en quatre parties égales.

Cette division, comme toutes divisions du cercle, peut s'opérer dans tous les sens à l'infini.

XVI.

Diviser une circonférence en six parties.

Appuyer une des pointes du compas sur un point quelconque *a* de la circonférence (*fig.* 65), et de l'autre pointe décrire, par le centre, un arc *b c* (*ponctué*). De *c* décrire de la même ouverture de compas *a d*, et ainsi de suite. On aura une rose à six pétales, et en même temps une division exacte de la circonférence donnée.

Ou, si l'on a déjà sa circonférence divisée en trois parties par un moyen quelconque, tirer de chacun des points, au côté opposé de la circonférence, une ligne (ou diamètre) passant par le centre. Elle donnera les trois subdivisions cherchées.

XVII.

Diviser la circonférence en huit parties.

Diviser (Prob. XIII) chacun des angles droits formés par les deux diamètres perpendiculaires (*fig.* 60). Il suffit d'opérer sur deux, A I B, A I D, les diamètres qu'on tirera ou qu'on supposera tirer de E et de G, donnant à leur opposite les divisions F et H.

XVIII.

Diviser la circonférence en un nombre de parties voulu par le moyen du diamètre.

Le diamètre est considéré comme mesure du tiers de la circonférence, et si cette proportion était géométriquement exacte, on conçoit qu'il suffirait de tripler un diamètre et de le diviser (prob. IX) par le nombre donné, pour obtenir, sans tâtonnements, la division exacte de la circonférence. Mais le rapport du diamètre à la circonférence étant dans la proportion réelle de 7 à 22 (Prop. 74), si l'on veut procéder par le moyen indiqué, on voit que, pour obtenir une exactitude suffisante, il faudrait ajouter au diamètre, multiplié par trois, $\frac{1}{7}$ de diamètre. Le $\frac{1}{22}$ négligé devient imperceptible, à moins qu'il ne s'agisse d'une circonférence où un $\frac{8}{100}$ de diamètre ait quelque importance.

XIX.

Réduire ou augmenter un arc de cercle.

S'il ne s'agit que de prendre une moindre portion, l'opération se borne à raccourcir la ligne.

Mais si l'on veut avoir le même arc dans une moindre proportion, ou dans une proportion supérieure, c'est sur le rayon qu'il faut opérer.

Soit l'arc donné A D. Si la longueur de son rayon n'est pas connue, il faut la chercher par le moyen indiqué *page* 82.

Le rayon étant connu, soit C B (*fig.* 52), et prolongé au besoin, mener des deux extrémités de l'arc les deux autres rayons AC, DC, également prolongés, s'il est nécessaire. Faire la corde A D. Tracer sa parallèle *o p*, ou *m n*, au point convenable, et de C décrire le nouvel arc cherché.

XX.

Déterminer l'ouverture ou la valeur d'un angle.

On a vu (Prop. 68), que l'angle se mesure par le nombre de degrés inséré entre ses deux côtés, et qui ne varie point par le simple effet du prolongement ou du raccourcissement des côtés.

On peut donc toujours connaître la mesure d'un angle donné, en décrivant une circonférence dont son sommet serait le centre, et en divisant cette circonférence en 360 degrés, ou seulement, pour abréger, sa moitié en 180, ou son quart, c'est-à-dire l'angle droit, en 90 (*fig.* 39). Mais il est un procédé mécanique plus simple, qui consiste à appuyer sur l'angle tracé un rapporteur en corne transparente, sur lequel est figuré un demi-cercle tout divisé, avec tous les rayons convergents au centre.

Pour s'en servir, on place le diamètre sur l'un des côtés de l'angle qu'on a à mesurer, de telle manière que le sommet de cet angle se trouve exactement sous le centre du rapporteur marqué par un point. Le nombre de degrés compris entre le diamètre du rapporteur et le rayon correspondant au second côté de l'angle donné, sera la mesure de cet angle.

XXI.

Construire un polygone à côtés égaux.

Tout polygone régulier, c'est-à-dire à côtés égaux, pouvant être inscrit dans le cercle, le moyen le plus expéditif est de commencer par tracer un cercle de la dimension voulue, de le diviser (Prob. de XIV à XVIII) en autant de parties que le polygone doit avoir de côtés, et de mener une corde de chacune des divisions à la suivante. Chaque corde sera un des côtés du polygone (*Voy.* plus loin, *des polygones inscrits dans le cercle.*)

XXII.

Construire un triangle équilatéral, un côté étant donné.

Soit *cb* (*fig.* 11) le côté donné. Décrire de *b* l'arc *ca*, et de *c* l'arc *ba* (ou seulement les deux extrémités qui se croisent en *a*). Mener les deux convergentes *ca* et *ba*.

XXIII.

Elever un carré sur un côté donné.

Soit le côté O M (*fig.* 53). Elever (Prob. 1, *fig.* 40) une perpendiculaire M B, sur l'une de ses extrémités. La couper par l'arc O B, décrit de M, comme centre. De O, faire l'arc M C, le couper en C, par un troisième arc décrit de B; mener C O et C B.

S'il n'est pas possible de prolonger la ligne O M, pour favoriser l'élévation de la perpendiculaire, l'élever sur le milieu de O M, tracer ses parallèles O C, M B, et faire C B parallèle à O M.

XXIV.

Construire un pentagone, un seul côté étant donné.

Le cercle étant divisé en 360 parties, chacun des cinq côtés d'un pentagone est nécessairement la corde d'un arc du ¹/₅ de cette somme, ou 72 degrés. Pour construire la figure proposée, il faut donc commencer par trouver l'angle qui intercepte cet arc.

Le côté donné étant A B (*fig.* 54), le diviser en deux parties égales par une perpendiculaire *a b* indéfinie. L'angle cherché se trouvera à son tour divisé en deux angles de 36° chacun. Marquer sur *a b* un point à volonté *c*, pour sommet d'un angle semblable. Appliquer très-exactement le diamètre du rapporteur sur *a b*, le centre placé sur *c*. Prendre au 36ᵉ degré le point *d*; tirer *d c*. Si la ligne ne touche pas l'extrémité de A B,

mener par cette extrémité A C parallèle à *d c*. De C
décrire la circonférence passant par A et B. En reportant au compas quatre fois la distance de A B, sur la
circonférence, on aura les autres points E D E F, donnant les cinq sommets des angles du polygone cherché.

Ce procédé peut servir pour tracer, avec un seul côté
donné, tous les polygones réguliers, quel que soit le
nombre de leurs côtés. (*Voir* en outre le Prob. XXVII.)

XXV.

Construire un hexagone, un seul côté étant donné.

Ayant commencé par construire, comme en la figure
11 (prob. XXII), un triangle équilatéral *b' c a* (*fig*. 55),
en prolongeant indéfiniment en *f* et *g*, ses deux côtés
b c, *a c*, établir sur son côté *b d* parallèle et égal à *a c*,
a e parallèle et égal à *b c*. Mener *d f* parallèle à *a e*, *f g*
parallèle à *b a*, et *g e* parallèle à *d b*.

XXVI.

Construire un octogone, un seul côté étant donné.

A B étant le côté donné (*fig*. 56), élever le carré
(prob. XXIII, *fig*. 53) A *c d* B en prolongeant indéfiniment ses côtés. Tirer les diagonales A *d*, B *c*. De A et
de B décrire les arcs *c* C, *d* D. Mener A C parallèle à
la diagonale B *c*, et B D parallèle à la diagonale A *d*.
Par C *c*, et par D *d*, mener deux autres diagonales indéfinies C F et D E. Élever C E et D F parallèles et égales
à A *c* et à B *d*. Tracer E G parallèle à B D, F H parallèle à A C, et G H parallèle à A B.

XXVII.

Ajouter dans le même cercle un côté à un polygone régulier.

Tout polygone régulier étant ou pouvant être circonscrit par un cercle, commencer par tracer ce cercle.

Soit donc le polygone donné (*fig.* 57), un hexagone qu'il s'agit de convertir en heptagone ou figure à sept pans. Prendre l'un de ces pans à volonté, et le diviser en sept parties. D'une ouverture de compas égale à six de ces parties, diviser un cercle de même diamètre (*fig.* 58) en sept arcs, dont les cordes seront les côtés de la figure cherchée.

On procèdera de la même manière toutes les fois qu'on voudra ajouter un côté à un polygone régulier, c'est-à-dire qu'on divisera toujours une des cordes en autant de parties que devra avoir de côtés la figure proposée, et dont on en retranchera une pour établir les nouvelles divisions sur le cercle.

Il est évident que si, dans l'exemple choisi, on divisait chacune des six cordes en 7 parties, on aurait un total de 42 parties, et qu'en prenant 7 pour diviseur de ces 42 parties, il en reste exactement 6 pour chacune.

XXVIII.

Réduire d'un côté un polygone régulier.

Soit un heptagone ou polygone à sept côtés (*fig.* 58) à réduire en hexagone ou polygone à six côtés (*fig.* 57). Diviser l'une des cordes en six parties, en ajouter une septième, et d'une ouverture de compas égale à ces sept parties, marquer sur l'autre circonférence les six points où viendront aboutir les six côtés de la figure cher-chée.

Opérer de la même manière, pour tous les autres cas où l'on voudra réduire d'un côté tout autre polygone régulier.

Cette opération est l'inverse de la précédente.

XXIX.

Inscrire un triangle équilatéral dans un cercle donné.

Le problème XVI ayant donné le procédé pour di-viser la circonférence en six parties (*fig.* 65), prendre trois seulement de ces six divisions de deux en deux, et tracer ce triangle *e a d*, ou *b f c*.

XXX.

Inscrire un cercle dans un triangle.

Soit donné le triangle CFH (*fig.* 61). Diviser deux de ses angles par moitié (Prob. XIII) et tirer CE et FG. L'intersection A des deux lignes marquera le centre du cercle à inscrire. Mener un rayon AB perpendiculaire à l'un des côtés du triangle. AB sera, d'après les règles sur les tangentes (Prop. 12, 46 et prob. VI et VII), un des trois points de contact par où devra passer la circonfé-rence. (*Voyez* les problèmes XIV et XXXVII.)

XXXI.

Inscrire un carré dans un cercle.

Si l'on veut avoir le carré posé sur l'angle (*fig.* 60), tirer le diamètre vertical B D, le diamètre horizontal A C, et mener B A, B C, A D, D C.

Pour avoir le carré posé sur sa base, décrire les diamètres intermédiaires E F, G H, et mener E H, E G, H F, G F.

XXXII.

Inscrire un pentagone dans un cercle.

Diviser le cercle en cinq parties de 72 degrés chacune, au compas, ou procéder sur un des côtés du carré ou de l'hexagone comme il a été indiqué aux problèmes XXVII et XXVIII.

XXXIII.

Inscrire un hexagone dans un cercle donné.

Le cercle étant divisé en six parties (probl. XVI, *fig.* 65), mener une droite ou corde de chaque division à la suivante.

XXXIV.

Inscrire un heptagone dans un cercle.

Faire application des problèmes XXVII ou XXVIII à l'hexagone ou à l'octogone.

XXXV.

Inscrire un octogone dans un cercle.

Des huit points de la figure 60, obtenus par le doublement des deux diamètres vertical et horizontal, tirer la corde des arcs interceptés par les rayons.

XXXVI.

Trouver l'octogone dans le carré.

Mener les deux diagonales A B C D (*fig.* 67). De

chacun des angles du carré, décrire un arc passant par le point d'intersection O. Ces arcs détermineront sur les côtés du carré les points *e f, g h, i s, k l*, servant à tirer des parallèles aux diagonales, lesquelles donneront les quatre autres côtés de l'octogone.

XXXVII.

Tracer le cercle qui doit circonscrire un polygone régulier.

Il ne s'agit que de déterminer le centre du polygone. Rien n'est plus facile : si le polygone offre un nombre de côtés pair (*fig.* 57, 60), il suffit de tirer un diamètre *a b*, A C, d'un angle à l'angle qui lui est opposé, et de le couper par un autre diamètre *c d*, B D. Le point d'intersection sera nécessairement le centre du cercle, et la circonférence passera par les sommets de tous les angles du polygone.

Mais si le polygone est à nombre de côtés impair (*fig.* 58, 61), on divisera deux de ses angles, *a b c, c d e* (*fig.* 58); et le point d'intersection des lignes médianes marquera le centre du polygone, et conséquemment celui du cercle qui doit le circonscrire.

On comprend que le même procédé peut être employé pour inscrire un cercle dans un polygone régulier. Seulement, l'opération devra être complétée en menant un rayon perpendiculaire à l'un des côtés, pour déterminer le *point de contact* du cercle avec cette tangente (Prob. XXX). Tous les autres côtés seront pareillement tangents.

XXXVIII.

Circonscrire un cercle par un polygone régulier déterminé.

Diviser le cercle (*fig.* 62) en autant de parties que le polygone doit avoir de côtés *a b c, d e f;* faire passer par chacun de ces points le prolongement d'un rayon. Doubler la division, et le nombre des rayons. Mener autant de tangentes par le sommet de ces rayons intermédiaires.

XXXIX.

Tracer géométriquement une volute.

Tracer d'abord le cercle intérieur *a c* (*fig.* 63 *bis*), qu'on nomme œil de la volute; diviser chacun des rayons verticaux et horizontaux de cet œil en deux parties (1); élever d'un côté (ou de l'autre) du rayon supérieur O P, selon la direction à donner à la volute, les deux parallèles *e f, g h*; opérer de même pour chacun des autres rayons. Décrire du point 1 le quart de cercle *a f;* du point 2, le quart de cercle *f k;* du point 3, le quart de cercle *k l;* du point 4, le quart de cercle *l m.* Puis, les quatre points du premier carré étant épuisés, décrire de 5 le quart de cercle *m h*, et ainsi de suite jusqu'au douzième quart de cercle qui, dans la figure 63, compléterait la volute.

(1) Pour ne pas compliquer la figure, on n'a pris ici que deux parties, afin de rendre le mécanisme de l'opération plus sensible. La figure 63 représente la volute dans ses véritables proportions, et le rayon divisé en quatre parties.

XL.

Doubler un carré, ou faire un carré égal à deux carrés inégaux connus.

Le carré fait sur l'hypothénuse (Prop. 28) d'un triangle rectangle quelconque, est égal à la somme des carrés faits sur ses deux autres côtés.

Soient le carré A (*fig.* 64) donné pour être doublé, ou les deux carrés A C (*fig.* 64 *bis*) donnés pour ne former qu'une seule surface égale à leurs deux surfaces additionnées. On aura l'un et l'autre carrés cherchés D, E, en opérant selon ce qui est marqué par les deux figures 64 et 64 *bis*, qui n'ont pas besoin d'explications.

On observera qu'il est inutile de tracer la totalité du carré ou des carrés donnés, et qu'il suffit d'en prendre un des côtés, pour former le triangle rectangle.

XLI.

Doubler un cercle.

Le diamètre étant la mesure du cercle, et tout cercle étant susceptible d'être inscrit dans un carré de côté égal au diamètre, procéder, pour le doubler, ou pour avoir la somme de deux cercles donnés, de la manière qui vient d'être indiquée à l'égard du carré (prob. précédent). L'hypothénuse de l'angle droit (*fig.* 66), sera la mesure du diamètre et conséquemment du cercle cherché.

XLII.

Elever un prisme.

Soit A (*fig.* 33), l'un des deux polygones parallèles qui doivent former les deux bases de la figure. Des

divers angles *a b c d e f g h*, élever autant de parallèles. Au sommet de ces parallèles, tracer leurs perpendiculaires *a' h'*, *h' g'*, *g' f'*, *f' e'*. Les autres sont
invisibles.

XLIII.

Élever une pyramide à base carrée, dont on doit
apercevoir deux faces.

Tracer (*fig.* 34) le carré selon le développement
qu'on veut donner aux deux faces. Marquer le centre
A par le moyen des diagonales. Élever, sur ce centre,
la perpendiculaire A·B, donnant la hauteur de la pyramide, et du point B abaisser les côtés B*d*, B*a*, B*b*
des deux triangles cherchés.

XLIV.

Élever un cylindre.

Tracer la circonférence qui forme l'une de ses bases
(*fig.* 35), et, des deux extrémités du diamètre 43,
élever les deux tangentes parallèles 4, 1, 3, 2, à la hauteur voulue. Tracer le second cercle parallèle au premier.

XLV.

Élever un cône.

Tracer sa base (*fig.* 36); faire passer un diamètre
BDC par le centre. Élever DA, donnant la hauteur
voulue. Tirer les lignes BA, CA.

XLVI.

Tracer une ellipse.

L'ellipse régulière est composée de quatre quarts de

cercle, décrits de quatre centres différents et opposés. Elle a deux axes perpendiculaires l'un à l'autre : un *grand* et un *petit*.

La longueur de la figure étant donnée, soit A, B (*fig.* 68) : tirer par ces deux points le grand axe AB ; le couper au milieu par C, D ; décrire les deux cercles tangents A et B, et mener *a b*, *c d*, parallèles à AB, et *a c* parallèle à CD ; tirer la diagonale *a o*. *o* et par conséquent O seront les centres d'où l'on décrira les deux grands arcs *l m n*, *f D k*.

Si l'on veut une ellipse prolongée d'un diamètre, tracer le troisième cercle, abaisser par le centre Z de l'ellipse la perpendiculaire ou petit axe *q p* et mener la diagonale *a o* jusqu'à sa rencontre *p* avec *q p*. Le point d'intersection *p*, et par conséquent son opposé *q*, seront les centres des deux grands arcs *l q x*, *f p y*.

Ces deux règles suffiront pour mettre sur la voie des procédés à employer pour tracer toutes sortes d'ellipses.

XLVII.

Tracer un ovale.

Les opérations seront les mêmes que pour tracer la grande ellipse A *q* E *p* (*fig.* 67) ; mais les deux grands arcs s'arrêteront en *q* et en *p*, et Z formera le centre du demi-cercle *q v p*.

XLVIII.

Établir une échelle usuelle de proportions servant à réduire ou à grandir proportionnellement toute espèce de ligne.

Établir sur carton glacé, sur lequel néanmoins puisse

marquer le crayon, un triangle quelconque (*fig.* 59), aussi grand que possible, pour en étendre l'usage ; le diviser par des horizontales parfaitement parallèles, rapprochées à volonté, sans se préoccuper de la régularité, et qu'on marquera de 5 en 5 par un trait plus fort, pour éviter la confusion. Tout cela doit être fait à l'encre.

Soient un dessin, un motif donné, qu'on veut réduire : la ligne A B, la dimension du plus grand détail de ce dessin, et la ligne CE, la proportion fixée. Chercher parmi les parallèles de l'échelle la ligne qui correspond parfaitement par sa longueur à AB (si elle n'existe pas, la tracer supplémentairement au crayon) ; prendre sur sa longueur *a c* égal à CE, faire passer au crayon par c la ligne DF.

Maintenant, pour réduire une partie quelconque du dessin donné, en prendre la dimension réelle et la reporter, au compas seulement, sur l'échelle, jusqu'à ce qu'on ait rencontré la parallèle correspondante. Une fois cette parallèle rencontrée, fermer le compas jusqu'à ce qu'il rencontre la ligne CF. On réduira ainsi successivement à la grandeur voulue tous les détails du dessin donné.

Une fois ces opérations terminées, on efface les lignes tracées au crayon (c'est pour qu'elles laissent moins de traces qu'on recommande un carton glacé), et l'échelle peut servir pour d'autres opérations, jusqu'à ce qu'elle soit trop fatiguée pour permettre de bien apprécier les petites divisions rapprochées du sommet.

On conçoit que la même échelle et les mêmes moyens peuvent servir pour obtenir un résultat opposé, en procédant du petit au grand, au lieu de procéder du grand au petit.

PERSPECTIVE.

PROPOSITIONS.

1. La perception des objets par la vue, est le résultat de la transmission des innombrables rayons qui émanent de ces objets, à notre œil où ils se réfléchissent. Puisque les objets ou l'ensemble des objets que nous apercevons d'un seul coup-d'œil, ont une étendue supérieure à l'œil qui les reçoit, il s'ensuit que ces rayons sont convergents par rapport à lui (*Pl.* 14, *fig.* 1re); sa forme circulaire fait que l'étendue qu'il embrasse, par une seule opération, est circulaire pareillement, ainsi que le faisceau des rayons qui lui arrivent ; ce faisceau, large à sa base appelée *cercle visuel*, et terminé par un point à son extrémité opposée, compose donc un *cône régulier*, que l'on nomme *cône optique*.

2. La base du cône optique étant dans le plan indéfini où est situé l'objet qu'on regarde, le tableau qui le représente, ou remplace ce plan même, s'il reproduit l'objet de grandeur naturelle, ou fait l'office d'un plan interposé *a b c d*, coupant parallèlement le cône optique à une distance plus rapprochée (*fig.* 1re).

3. L'expérience a démontré que l'œil n'embrasse distinctement d'un seul coup (*fig.* 2), c'est-à-dire sans changer de direction, que l'ensemble des objets ou de l'étendue enfermé dans un cône optique dont le maximum est l'angle droit (*Géométrie*, Prop. 69).

Pour que toutes les parties du tableau puissent être vues du même coup-d'œil, il est donc indispensable qu'il soit compris en entier dans le cercle visuel.

4. Si du point V (*fig.* 3) on trace par D D' la circonférence A D B D', elle donne le cercle visuel, ou de distance; car tous les points de la circonférence sont aussi éloignés de V, que D et D' (*Géométrie*, Prop. 32). Il est très-important de se rappeler ce principe.

5. Le plan d'un tableau étant toujours parallèle à celui qui pourrait passer par l'œil du spectateur C E (*fig.* 2), l'axe du cône optique A V lui sera toujours aussi perpendiculaire : le point où cet axe touche, ou est censé toucher le tableau, détermine le *point de vue* V; sa longueur est celle de la *distance* de l'œil du spectateur au tableau, et en couchant cette longueur V D sur le plan du tableau, on obtient deux points D D qu'on nomme points de distance.

6. Le *point de vue* marque toujours l'horizon normal D V D (*fig.* 3), par rapport au spectateur, puisqu'il est toujours pris à la hauteur de son œil; mais de ce que ce point est inévitablement au centre du cercle visuel, il ne s'ensuit pas qu'il doive être nécessairement aussi au centre du tableau. S'il est à désirer qu'il s'y trouve le plus qu'il est possible dans le sens de la longueur, il est très-rarement praticable de l'y placer dans le sens de la hauteur, ce qui n'arrive presque jamais que dans un paysage, ou dans un intérieur vu d'un lieu élevé, comme la tribune d'une église. A part ces exceptions qui n'ont aucune application possible dans l'ornementation, le choix d'un tel point de vue ne saurait produire qu'un effet détestable.

7. Il est assez rare aussi que le tableau touche le cercle visuel, par quelqu'une de ses extrémités; le mieux

sera toujours de lui donner une moindre étendue, parce qu'alors l'œil embrasse tout l'ensemble sans aucun effort; car, d'après l'observation qui précède, il est infiniment rare que son horizon le coupe par le milieu dans sa hauteur, et quelquefois même le point de vue est à son tour plus ou moins sur le côté.

Soit le cercle optique A D B D' (*fig.* 3) dont l'horizon est D D', et le point de vue V, tous deux communs aux deux tableaux *a b c d* qui sont figurés. On voit que l'un de ces tableaux ne touche le cercle qu'en deux points, l'autre à un seul point, et que l'horizon D D' et le point de vue V varient en hauteur selon la position du tableau. L'horizon passant par le point de vue V, est appelé *horizon naturel* ou *normal*, pour le distinguer des horizons *propres* ou *rationnels* dont il sera parlé plus loin.

8. De l'égalité de l'axe du *cône optique* A V (*fig.* 2) et du rayon de sa base ou *cercle visuel* V D, il résulte qu'une ligne A D, menée de l'extrémité de l'une à l'extrémité de l'autre, forme avec chacun un angle de 45 degrés V A D. Il en sera de même de toute droite menée de l'extrémité d'un rayon quelconque du même cercle visuel à A. Conséquemment, l'extrémité de tout rayon de ce cercle est un *point de distance* (4).

9. La surface, le champ sur lequel on dessine, on peint, soit *a b c d* (*fig.* 1re et 5), se nomme le *plan du tableau*. Il ne se limite point par les dimensions de la toile ou du panneau sur lequel on trace l'objet qu'on veut représenter : il est censé avoir toujours une étendue indéfinie. On verra, en effet, qu'il faut souvent prendre des points dans ce plan bien au-delà du bord du dessin ou du tableau.

10. Toute ligne, tout plan non parallèle au plan du tableau, tend à s'y réunir, la ligne à un point, le plan à une ligne. On nomme ce point, ou cette ligne, *point dirigeant* ou *évanouissant*, *ligne dirigeante* ou *évanouissante*. Cette ligne devient *l'horizon* du plan qui tend au tableau. Ou c'est l'horizon normal D D (*fig.* 3), ou ce sont des *horizons propres* ou *parallèles*, ou *inclinés*, ou *verticaux* (*fig.* 6, 7 et 8).

11. Toute ligne droite ou courbe est couchée ou censée couchée dans un plan (*Géométrie*, Prop. 50). Une infinité de lignes droites peuvent être dans ce plan, et passer par le même point comme *a, d, c, b*, (*fig.* 7).

12. Toutes les lignes couchées dans ce plan concourront toutes comme lui à son horizon, mais à des points différents, selon leurs directions différentes et les angles qu'elles forment avec cet horizon. (*Ibid.*)

13. Toute ligne droite, tout plan *i e* (*fig.* 5), qui se dirige à angle droit vers ce plan (*Géométrie*, Prop. 7), lui est perpendiculaire.

14. Toute ligne droite *e f, g h* (*fig.* 5), tout plan *efhg* (*ibid.*), dont toutes les parties sont également éloignées des parties correspondantes du plan du tableau, lui sont parallèles.

15. Toute ligne droite, tout plan (*l m n o, fig.* 5; *a d c b, d e f c, fig.* 7), qui forment deux angles inégaux avec la surface de ce plan, lui sont inclinés.

16. Toute ligne droite perpendiculaire au plan du tableau tend au *point de vue*, V.

17. Toute ligne droite inclinée à 45 degrés au plan

du tableau, et couchée dans un plan (11) perpendiculaire à celui-ci, telle que la diagonale du carré qui a
deux de ses bases qui lui sont parallèles (au tableau),
tend au *point de distance* D.

18. Par conséquent, les côtés de tout triangle rectangle isocèle (*Géométrie*, **Prop.** 27), dont l'hypothénuse (*ibid*. 28) est parallèle au plan du tableau, s'évanouissent toujours au *point de distance* D. Et ainsi
de tout angle droit auquel on peut supposer une base
parallèle à ce même plan (*ibid*.).

19. Les côtés de tout autre angle, et les côtés du
triangle rectangle dont l'hypothénuse n'est point parallèle au plan du tableau, s'évanouissent à des points
propres qui seront indiqués par les problèmes qui
suivent.

20. Un plan vertical *mnop* (*fig* 13), perpendiculaire
au plan du tableau, aura pour ligne évanouissante ou
horizon propre, la verticale D''D''; cette ligne sera de
même évanouissante de toutes les autres lignes couchées dans ce plan, selon leurs directions différentes et
les angles qu'elles forment avec cet horizon;

Et ainsi pour tous les plans ou lignes *ab*, *cd*, *op*,
passant entre la verticale DD et l'horizontale D'D',
sans cesser d'être perpendiculaires au plan du tableau
(*fig*. 6).

21. Tout plan incliné par rapport au plan du tableau
(soit *abcd*, ou *cdef*, *fig*. 7), tendant à former avec ce
plan un angle autre que l'angle droit (aigu ou obtus), tend
aussi à déterminer, dans le plan du tableau ou dans sa
prolongation indéfinie, une ligne d'intersection HH ou

H'H', laquelle est aussi un horizon propre ou rationnel, où se reporte un point de vue v ou v' également propre, et servant de centre à un second cône optique, dont les propriétés sont absolument les mêmes que celles du cône normal.

22. Cet horizon propre se trouve en décrivant, du point de distance D, pris sur l'horizon normal DVD (*fig.* 8), une ligne Da ou Db, dont l'inclinaison sera égale à celle du plan incliné par rapport à un plan horizontal. Si donc cette inclinaison est de dix degrés, l'angle aDV sera de dix degrés ; si elle est de trente, l'angle VDb sera de trente. H H, et H'H' (*fig.* 7) sont donc des points de distance pris sur l'horizon propre HvH, ou sur l'horizon propre H'v'H', et ainsi du reste. Il s'ensuit que pour mettre en perspective toute ligne couchée dans le plan $abcd$, ou dans le plan $cdef$, on procédera par toutes les opérations ordinaires, sur l'horizon propre où s'évanouit ce plan.

23. Pour trouver l'horizon propre d'un plan perpendiculaire à celui du tableau, mais dont la direction est entre l'horizontale et la verticale, comme sont les trois plans de la figure 6, il n'y a qu'à tirer un diamètre parallèle à l'inclinaison, passant par le point de vue. H H, *fig.* 9, sera l'horizon propre des deux côtés du carré B, parallèles au plan du tableau, et c'est à chacun de ces deux points, comme *points de distance*, que s'évanouiront les diagonales du carré. H'H' est l'horizon vertical de ce plan *perpendiculaire* et à la fois *incliné*.

24. D'après les lois de l'optique, sur lesquelles sont basées celles de la perspective, toutes lignes parallèles

entre elles tendent au même point évanouissant, et tous plans parallèles entre eux tendent à la même *ligne éva-nouissante*.

Cette règle semble contraire aux lois de la géométrie, mais (Prop. 27 et 54), la perspective ayant pour effet de rapprocher en apparence les objets entre eux, à mesure qu'ils s'éloignent, en diminuant les distances, les parallèles semblent vouloir former des angles, ainsi qu'on le voit par les lignes *a c, b d, e f* (*fig.* 4), qui sont les arêtes ou plis d'un tuyau quadrilatère, et par les deux plans *a b d c* et *e b d f*, qui sont deux des côtés, les uns et les autres parallèles entre eux et perpendiculaires au plan du tableau.

25. On dit qu'un objet est *vu géométralement* lorsque sa face, celle d'un carré ou d'un rectangle, par exemple, est représentée parallèle au plan du tableau. Soit la face *a b c d* du cube (*fig.* 21).

Si l'on voit une seconde face se dirigeant vers le plan du tableau, telle que *p a b o* (même figure), cette face est dite *fuyante* ou *évanouissante*.

26. L'objet est *vu d'angle*, lorsque la diagonale du carré est perpendiculaire au plan du tableau; soit *a b e c* (*fig.* 13).

27. L'objet est *vu accidentellement*, lorsque le carré n'offre ni diagonale ni côté perpendiculaire au plan du tableau; soit *c d b a* (*fig.* 14).

28. On appelle *ligne naturelle, grandeur naturelle, figure naturelle*, la ligne, la grandeur, la figure qui n'a pas encore été soumise aux opérations de la perspective, et ligne *perspective*, grandeur *perspective*,

figure *perspective*, celle qui est produite par l'application de ces opérations. Ainsi, *okpj* (*fig.* 18) est le rectangle *naturel*; *o'k'p'j'* est le rectangle *perspectif*.

29. On appelle *ligne de terre*, la base du tableau. C'est sur cette ligne qu'on trace l'échelle vraie des figures qu'on veut représenter perspectivement dans le tableau. C'est de là qu'on part aussi pour déterminer la hauteur de l'horizon normal. Cet horizon devant être à la hauteur de l'œil du spectateur (6), le raisonnement exige que, sauf les rares exceptions indiquées dans la même proposition, il passe aussi par l'œil du personnage naturel qui serait représenté debout, les pieds posés sur la ligne de terre. La distance de l'horizon à cette ligne représente donc communément une hauteur de 5 pieds ½ à 6 pieds, et donne l'échelle pour toutes les grandeurs du tableau.

PROBLÈMES.

Mettre une ligne en perspective.

Il a été dit que toute ligne, hormis une ligne parallèle, doit tendre à son point évanouissant. Cela est tout simple et facile à comprendre.

Mais ce n'est là qu'une partie de la question; l'autre consiste à donner à cette ligne l'étendue convenable, d'après la place qu'elle occupe.

Étant donnée (*fig.* 10) la ligne naturelle *a b*, parallèle au plan du tableau, connaître ses diverses dégradations, à mesure qu'elle se rapprochera de l'horizon.

Placer *a b* sur la base extrême du tableau, l'enfermer par les deux lignes V *a* et V *b*, on obtiendra par cette échelle toutes les dégradations possibles, en prenant la mesure d'une parallèle également enfermée, à la hauteur de la ligne cherchée, soit que cette ligne doive être couchée, soit qu'elle doive être verticale ou penchée.

S'il s'agit d'une perpendiculaire à l'horizon *a b* (*fig.* 11), tirer à son pied l'horizontale *a c* de la grandeur que devrait avoir la ligne donnée, si elle était couchée parallèlement. De *a c*, mener au point de distance *c* D ; le point *b* où les deux lignes se couperont, marquera la longueur, perspective cherchée.

II.

Mettre en perspective un carré horizontal ou de front.

Tracer à la hauteur voulue, et de la grandeur convenable, le côté parallèle du carré le plus rapproché du spectateur, soit *a b* (*fig.* 12) : de chacune de ses extrémités, mener un des côtés perpendiculaires du carré au point de vue V ; de *a* ou de *b*, mener à D opposé une diagonale, soit *b* D ; l'intersection de l'un des deux côtés perpendiculaires *a* V (ou *b* V), par cette ligne, déterminera le point d'où l'on tirera l'autre côté *c d*, parallèle à *a b* ; on aura ainsi le carré perspectif *c a b d*.

III.

Diviser le carré.

Si l'on tire la seconde diagonale *a* D, le point où elle se croisera avec la première sera le centre du carré. En menant la parallèle *e f*, ou la perpendiculaire *g h*, par ce point, on aura divisé le carré en deux parties égales horizontalement ou verticalement (*fig.* 12).

IV.

Faire un carré ou plusieurs carrés latéralement adjacents au premier.

Prolonger indéfiniment *a b* et *c d* (*fig.* 12) par la droite ou par la gauche, selon le côté sur lequel on veut ajouter un nouveau carré. Tirer la diagonale de D ou D' par *d* ou *c;* elle donnera *k* ou *i*. Mener *k* V (ou *i* V), et l'on aura le second carré cherché.

Si l'on veut faire un second rang de carrés, prolonger une diagonale du premier carré jusqu'à ce qu'elle rencontre *k* V ou *i* V, et du point d'intersection, tirer la parallèle *a p*, on aura doublé perpendiculairement chacun des trois carrés premiers.

On voit par là que, pour obtenir deux fois en profondeur la largeur d'une surface donnée, il suffit de répéter deux fois l'opération du carré, et ainsi de suite, à mesure qu'on voudra accroître la profondeur.

V.

Mettre en perspective une série de carrés parallèles contigus, ou adjacents par leurs divers côtés.

Diviser la base du tableau ou de la figure en autant de parties égales qu'on veut tracer de carrés : de ces divisions, mener autant de convergentes ; les couper par autant de diagonales *a* V prises de l'un des points de distance D, qu'il sera nécessaire, et par les intersections de ces diagonales et des lignes fuyantes, faire passer des parallèles horizontales.

VI.

Mettre en perspective un carré vu d'angle.

Soient donnés les points *a* (*fig.* 13) comme sommet de l'angle opposé au tableau, et *a d* comme mesure naturelle d'un côté du carré.

L'une des deux diagonales du carré devant être perpendiculaire au plan du tableau, et couper deux de ses angles droits opposés, en angles de quarante-cinq degrés, cette diagonale tendra au point de vue, et chacun des deux côtés antérieurs du carré *a b, a c,* tendra au point de distance. Mener, en conséquence, *a* V, *a* D, *a* D'. Tirer *d* V, qui donnera, en coupant *a* D, la longueur perspective du côté *a b;* mener *b* D' parallèle à *a* D', puisque les deux lignes concourent au même point. Tirer de D, *ec* qui coupera *a* V, et donnera le côté *ec* du carré.

VII.

Mettre en perspective un carré verticalement dressé,
perpendiculaire au plan du tableau.

Le côté vertical extérieur *m p* (*fig.* 13) étant donné, mener les deux perpendiculaires *m* V et *p* V; tirer une diagonale à D"; on obtient le point d'intersection *n* ou *o;* tirer de ce point *n o* parallèle à *m p*, on aura le carré perspectif cherché.

On voit que c'est absolument la même opération que pour le carré horizontal, et que seulement l'opération

est faite sur le côté. On s'en convaincra en tournant la
figure de manière à rendre D'' D'' horizontal. On saura, en consultant la *fig.* 12 précédente, comment il
il faut s'y prendre pour répéter, dans un sens ou dans
un autre, ou pour diviser le carré vertical.

VIII.

Mettre en perspective un carré vu accidentellement,
dont les points de fuite sont inaccessibles, dont la
distance n'est point déterminée, et dont on ne con-
naît qu'un seul côté, et la direction de l'autre.

Soient le côté connu *a b* (*fig.* 14) et le côté indéfini
c a. Mener au point de vue *a* V en *b* V. Prendre sur *a* V
un point arbitraire *p* assez haut pour qu'on puisse mener de ce point *p k*, *p s* parallèles à *c a* et *a b*, coupant l'horizon. *p s* interceptera *b v* en *t* ; du centre de
k s, décrire un demi-cercle qui coupera en *x* la verticale élevée sur V. Tirer les deux droites *x k* et *x s*,
qui forment un angle droit. Prendre la moitié de cet
angle, *x o*. Tracer *p o* et sa parallèle *a d* ; mener *t k*
qui coupe *o p* en ·, et faire la grande parallèle *d b*, ensuite *c d*, et le carré cherché sera construit.

La petitesse de l'échelle rend difficile de bien se
rendre compte de l'opération à la simple vue ; nous
engageons les personnes peu expérimentées qui consulteront cet ouvrage, à tracer, pour s'exercer, ces
opérations en grand, en se reportant attentivement de
la démonstration à la figure, et réciproquement.

IX.

Mettre un angle en perspective.

S'il s'agit d'un angle droit divisible en deux parties égales par une perpendiculaire au plan du tableau, la place du sommet *a* (*fig.* 15) étant marquée, mener la perpendiculaire *a* V, et les deux obliques *a* D et *a* D', lesquelles donneront l'angle cherché, soit qu'il affronte le plan du tableau, ou qu'il lui soit opposé.

Si l'axe de l'angle *p g s*, ou *d i m* (*fig.* 16), est incliné de 75 degrés, par exemple, au plan du tableau, il s'en faudra de 15 qu'il lui soit perpendiculaire. On trouvera donc son point évanouissant *c* en menant D"*c*, qui forme, avec V D", l'angle égal de 15 degrés, V D"*c* (1). D"*c* deviendra un côté commun à deux angles de 45 degrés, *c* D"*x*, *c* D"*o*. Donc, *x* et *o* seront les deux points évanouissants des deux côtés de l'angle *d i m*, ou de l'angle *p g s*.

On procédera de la même manière s'il s'agit d'un angle aigu ou obtus ; mais, en ne prenant V"D" (*fig.* 15) ou *c* D" (*fig.* 16), que comme moitié d'un angle égal à celui qu'on veut mettre en perspective. Alors, au lieu des points évanouissants D D' ou *o x*, on aura d'autres points plus distants ou plus rapprochés de *c*, selon que l'angle sera plus ou moins ouvert.

X.

Mettre un rhombe ou lozange en perspective.

Construire, par les mêmes moyens, un second

---

(1) Les mesures ne sont pas bien exactes sur la figure, mais l'opération est la même.

triangle opposé par la base au triangle précédent. A,
(*fig.* 17) est un rhombe couché sur un plan horizontal,
et B un rhombe couché en un plan vertical, tous deux
perpendiculaires au plan du tableau.

Il est inutile de faire remarquer, après le problème
VII, que pour le premier, l'angle d'évanouissement a
D'' pour sommet comme dans le problème précédent
(*fig.* 16), et que pour le second, le sommet de cet angle
est en D.

XI.
Mettre un rectangle en perspective.

Tout rectangle renfermant nécessairement un carré
dont ses petits côtés sont la mesure, si la figure A
donnée $o\,j\,p\,k$ (*fig.* 18) est parallèle à l'horizon par ses
grands côtés, prendre sur un des grands côtés $j\,x$ égal
à $j\,p$, ce qui donnera le carré $x\,j\,p\,s$; mettre ce carré
en perspective (Prob. II), on aura $x\,j\,r\,d$; prolonger
indéfiniment $r\,d$, et le couper par $o\,k$, on aura pour
rectangle perspectif $o\,k\,r\,j$.

Le rectangle ayant au contraire ses grands côtés
perpendiculaires à l'horizon, le convertir lui-même en
carré, en prolongeant en x, $o\,p$ pour le faire égal à $o\,k$;
mener $o\,$V, $p\,$V, $x\,$V; tirer l'une des deux diagonales
$o\,$D' ou $x\,$D, on aura le carré perspectif $o\,d\,b\,x$, et par
le moyen de $p\,$V, le rectangle perspectif $o\,d\,h\,p$. Le
rectangle naturel étant tracé, $a\,b\,c\,d$ (*fig.* 19), mener
la diagonale $b\,d$, laquelle donne, avec le côté $b\,a$, ou
le côté $c\,d$ du quadrilatère, l'angle $a\,b\,d$, ou son adjacent
égal $c\,d\,b$; faire l'angle semblable V D'' K. Tracer sur
le tableau, à la place convenable, $a'd'$, et mener les deux
perpendiculaires indéfinies $a'\,$V, $d'\,$V, ainsi que la dia-

gonale *a' K* au point d'intersection. Tirer l'horizontale *b' c*.

Cette figure et la figure 12 indiquent suffisamment, sans qu'il soit besoin de plus d'explication, la manière d'ajouter à un rectangle autant de figures semblables qu'on le désirera; soit latéralement, soit en profondeur.

XII.

Mettre en perspective un hexagone.

Par le moyen indiqué au problème XI (1), l'hexagone naturel étant donné *a b c d e f* (*fig.* 20) et ayant deux côtés parallèles au plan du tableau, tracer les deux verticales (ponctuées) *a c f d*, et dans le rectangle, les deux obliques *c f, a d*, et par leur point de rencontre *g*, mener l'horizontale *b e* qui coupe *a c* en 1, *f d* en 2.

L'apparence perspective *a' c' d' t'* du rectangle étant obtenue, faire passer par le point *g'* la transversale indéfinie *b' e'*, reporter dessus 1 *b'* égal à 1 *g'*, et 2 *e'* égal à *g' 2*; tirer les obliques *a' b', b' c', d' e', e' f'*.

XIII.

Mettre en perspective une série d'hexagones.

Les figures 12 et 19 expliquent suffisamment l'opération, qui ne consiste qu'à tirer des parallèles.

XIV.

Mettre en perspective un octogone. — Une série d'octogones.

Former de l'octogone *b c e f g h i j* (*fig.* 21) le carré

___

(1) La figure perspective est donnée ici au double de la figure naturelle pour laisser apercevoir les lettres.

a k d l, par le prolongement des côtés. Tirer les quatre convergentes *a* V, *c* V, *e* V, *l* V, en les coupant par la diagonale *l* D et par l'horizontale *o n*; faire passer des parallèles par les points d'intersection de la diagonale avec ces convergentes : si l'opération est bien faite, les points d'intersection que produiront à leur tour ces horizontales sur *a* V et sur *l* V, marqueront les obliques de l'octogone qui, toutes, doivent s'évanouir au point de distance D ou D', chacune de son côté.

Si l'on veut faire une série d'octogones latéraux, prolonger *ad libitum* les transversales indéfinies *a l o n;* reporter la longueur de *a l* par le moyen de la diagonale, sur sa prolongation, autant de fois qu'on voudra multiplier la figure, et de chaque point mener une convergente à V. Tirer ensuite les côtés obliques du second octogone, à l'un et à l'autre point D et D', suivant leur direction.

XV.

Mettre en perspective un cube vu de front.

a b c d (*fig.* 22) étant le côté donné, mener de chacun de ces points, une convergente au point de vue. Pour tracer le carré de la face inférieure *b c n o*, élever *o p n q*, et tirer *p q*.

Les opérations de la figure A s'appliqueront d'elles-mêmes à la figure B.

XVI.

Mettre en perspective un cube vu d'angle.

La place et la hauteur de l'arête antérieure du cube étant données, *a p* (*fig.* 23), mener *a* V, diagonale perpendiculaire qui coupe l'angle droit *c a b* en deux angles de quarante-cinq degrés chacun. Toute ligne inclinée de quarante-cinq degrés, par rapport à la perpendiculaire qui se dirige au point de vue, devant s'évanouir au point de distance, tirer a D et p D, a D' et p D'; par D (ou D'), abaisser la verticale D d', qui sera la ligne évanouissante ou l'horizon propre de la face $a\,p\,q\,b$ du cube; tirer la diagonale $a\,d'$, qui coupera p D' en q; élever $q\,b$; tirer b D qui coupera a V en z; tirer D'z qui, prolongée, coupera a D en c; abaisser la verticale $c\,r$.

XVII.

Mettre des saillies en perspective.

Soit (*fig.* 24) un corps carré ou pilier A, posé sur un socle B, posant lui-même sur une plinthe E; le pilier étant couronné d'un tailloir G.

Tracer (suivre sur la grande figure) le plan perspectif supérieur de la plinthe $a\,b\,c\,d$, ainsi qu'il se pratique pour tout carré. Les diagonales $a\,c$, $b\,d$ étant marquées, prendre sur le côté géométral la différence en retraite du socle sur la plinthe, 1, 2; mener 1 V; de ses intersections avec les diagonales $b\,d$ et $a\,c$, tirer $b'\,a'$ et $b'\,c'$, qui seront les deux faces apparentes du carré du socle; élever les verticales $a'\,a''$, $b'\,b''$ à la hauteur perspective voulue, en $c'\,c''$ indéfinie. Tirer les deux fuyantes a'' V et b'' V et la parallèle horizontale $c''\,d''$.

On fera les mêmes opérations sur la face supérieure pour trouver le plan du corps carré A qui doit lui être superposé.

Les opérations pour le tailloir sont absolument semblables, si ce n'est que les lignes fuyantes descendent à l'horizon au lieu d'y monter; mais, comme il s'agit ici de trouver une saillie, au lieu d'une retraite, l'importance de cette saillie 2, 3, sera marquée sur le côté du pilier 3, on mènera la fuyante indéfinie 3 V, que l'on coupera par la diagonale D 2 au point o. On tirera la parallèle o p, qui se coupera par la seconde diagonale D' p; le reste se comprend.

XVIII.

Mettre une pyramide en perspective.

La base de la pyramide (*fig.* 25) étant un carré, tracer d'abord la perspective de ce carré *a b c d*. Du point d'intersection des deux diagonales *f*, élever une verticale *f g* à la hauteur voulue *g*, et du sommet de cette verticale abaisser les côtés de la pyramide aux angles du carré.

S'il est question de mettre en perspective une pyramide dont on ne connaît qu'un côté de la base, vue accidentellement, et la direction de l'autre, les points de fuite étant en dehors du tableau, et inaccessibles, établir d'abord le carré perspectif, ainsi qu'il est dit Prob. VII (*fig.* 14). L'opération étant faite, tirer la seconde diagonale *c b*, et de son point de rencontre avec *a d*, élever une verticale *h g* à la hauteur voulue de son sommet; tirer *c g*, *a g*, et *b g*.

XIX.

Mettre un cercle en perspective.

La manière la plus commode et la plus expéditive, est de circonscrire d'un carré le cercle donné (*fig.* 26).

202 DEUXIÈME PARTIE.

Après avoir tiré les deux diamètres perpendiculaires *a b*, *c d*, et les deux diagonales *e f*, *g h*, on mène les deux séquentes *i j k l*, par les points d'intersection *m n o p*. On a ainsi, sur le côté du carré touchant à la base du tableau, les points *q*, *i*, *c*, *k*, *f*, d'où l'on mène autant de convergentes au point de vue V (1). Après avoir tiré *g p* à la hauteur voulue, on mène de ces deux points les diagonales croisées *g*D, *f*D, lesquelles, en coupant les convergentes intérieures *i*V, *k*V, déterminent les points d'intersection intérieurs *m' n' o' p'*. On tire *a' b'* et *g' f'* parallèles à *g f*; on obtient de la sorte les huit points *c' m' a' n' c' p' b' o'*, par lesquels doit passer la représentation perspective de la circonférence donnée. Il suffit d'un peu d'habitude de la main pour tracer correctement la figure au moyen de ces repères.

Autre méthode qui donne quatre points de repère de plus.

Le cercle étant inscrit dans un carré (*fig.* 27), tirer les deux diamètres *h o* et *r s* et les diverses diagonales *a s*, *b s*; *a d*, *a o*; *h b*, *h o*, *h d*; *c r*, *c b*, *c o*; *s b*, *d r*. Des points d'intersection du cercle et de ces diverses diagonales, mener des verticales sur *a b*, qui donneront les points 1, 2, 3, 4. De ces points et de *a r b*, qui se trouvent ou qu'il faut reporter sur la base du carré perspectif, tirer les convergentes *a* V, 1 V, 2 V, 3 V, 4 V.

(1) Nous rappelons au lecteur que toutes les lignes fuyantes concourant à un même point de tableau, sont réellement parallèles entre elles (Prop. 24). Il ne se laissera donc pas tromper par l'expression de lignes convergentes, qui ne désigne, dans ce problème et les suivants, que l'apparence perspective.

Répéter, dans le carré perspectif, les diagonales de la figure. On y retrouvera les quatre points extérieurs et les huit points intérieurs d'intersection *r k i h p x s q v o n m*, par lesquels doit passer là circonférence du cercle.

Si le cercle est couché dans un plan vertical, l'opération est absolument identique, avec la seule différence qu'elle se pose sur le côté, l'horizon étant lui-même vertical. La moitié supérieure de ce cercle donne l'arcade plein-cintre. *Voyez* ci-après problème XXXI.

XX.

Diviser perspectivement un cercle en un nombre de parties données.

Après avoir fait (*fig.* 28) la figure perspective du cercle, soit donné de diviser la figure géométrale en sept parties. Marquer ces divisions 1 2 3 4 5 6 7, mener des lignes perpendiculaires de ces divers points sur *a b*. Tirer de leur intersection des convergentes vers le point évanouissant; lesquelles couperont le cercle perspectif à toutes les divisions.

On comprend que quand on a ainsi divisé le cercle, il suffit de mener les cordes 1, 2 : 2, 3 : 3, 4, etc., pour opérer le tracé perspectif d'un polygone d'un même nombre de côtés, ou d'élever des droites de chaque point pour marquer les divisions sur un corps cylindrique.

XXI.

Mettre un polygone régulier en perspective.

Même opération que pour la division du cercle.

XXII.

Mettre un cône en perspective.

La base du cône (*fig.* 29) étant un cercle, mettre
en perspective le cercle donné circonscrit d'un carré ;
tirer les deux diagonales du carré. Du point d'intersection, élever une verticale *d a*, qui sera l'axe du cône à la
hauteur voulue ; abaisser du sommet ou vertex *a b* et
a c sur les deux extrémités du diamètre.

XXIII.

*Mettre en perspective un escalier droit, ou toute
autre série de gradins dont toutes les arêtes sont
dans un même plan incliné.*

Le giron des marches d'un escalier ordinaire ayant
en profondeur le double de la hauteur de la marche,
il s'ensuit que le plan dans lequel se rencontrent toutes les arêtes des marches, est incliné de vingt-deux
degrés et demi (son inclinaison serait de quarante-cinq
degrés, si le giron était égal à la hauteur). Le plan s'é-
vanouit donc à moitié de la distance ou à $\frac{D}{2}$ (*fig.* 30).
Voyez aussi Prop. 21 et 22.

Ayant ainsi déterminé l'horizon propre du plan incliné, tracer à la place convenable le premier degré
de l'escalier fuyant ; soit *a o c n*; mener *c* V et *n* V,
qui doit avoir une longueur perspective égale à la
somme des girons de toutes les marches dont l'escalier se compose (moins une si la dernière forme pa-
lier). On coupera *n* V en *d*, par les procédés indiqués
Probl. Ier, pour déterminer la longueur perspective

d'une ligne fuyante. Elever dk, sur laquelle on placera autant de points que l'escalier doit avoir de marches (on peut, si cela est plus commode, faire cette échelle sur la prolongation indéfinie de cn); tirer, par chacun de ces points, des convergentes au point de vue V (voir la note du Problème XIX). De la rencontre de chacune de ces lignes avec $\frac{D}{2}$, abaisser une verticale, on aura le profil perspectif de l'escalier ou du gradin : mener de chaque arête, une horizontale sur $a\frac{D}{2}$, en abaissant de chaque point de rencontre une seconde verticale ; l'escalier sera construit.

Nous nous bornons à ce seul exemple, qui nous semble suffisant pour l'objet que nous nous sommes proposé. On trouvera dans le *Manuel de Perspective*, de l'*Encyclopédie-Roret*, les opérations pour mettre en perspective des escaliers elliptiques, en hélice, etc.

XXIV.

Trouver le milieu perspectif d'un angle droit vu accidentellement, et dont le point de distance est inconnu.

S'il s'agit d'un angle saillant bac (*fig. 31*), prolonger ses côtés jusqu'à l'horizon de qui alors lui sert de base. Prendre la moitié de cette base o; de ce milieu, décrire l'arc de, et élever au-dessus du point de vue la verticale Vx; faire l'angle droit dXe, en prendre la moitié x. Tirer xa, qui donnera le milieu perspectif de bac. L'opération est la même, que l'angle soit au-dessus ou au-dessous de l'horizon.

XXV.

Opérer des subdivisions perspectives dans un plan en hauteur, ou en largeur, ou sur une ligne perspective, soit verticale, soit horizontale.

Après avoir déterminé la situation et la longueur de la ligne *a b* (*fig.* 32), mener de V, par chacune de ses extrémités, les deux indéfinies V*x* et V*y*. Fermer le triangle par une base égale à la ligne naturelle *x y*, marquer ou reporter sur cette ligne toutes les divisions qu'elle comporte, et de chaque division, tirer une convergente au point de vue; la ligne perspective *a b* ou le plan *x y b a* sera divisé semblablement à la ligne ou au plan naturel.

Pour toutes ces opérations, il va sans dire que si la ligne couchée naturelle, au lieu d'être parallèle à l'horizon, forme avec elle un angle quelconque, les projetées indéfinies, au lieu d'être tirées du point de vue, doivent être tirées du point accidentel évanouissant de la perpendiculaire de cette ligne, obtenu par les moyens indiqués Prob. IX et X, pour trouver le point accidentel évanouissant de l'axe d'un angle. (*Voyez encore le Problème qui suit.*)

XXVI.

Diviser une ligne perspective fuyante en deux ou plusieurs parties.

Toute ligne droite perpendiculaire à l'horizon est nécessairement le côté d'un carré. Soit donnée la ligne *a b* (*fig.* 33) : tirer du point de distance D, par son extré-

mité *b*, la diagonale D *x*, et de *a*, la parallèle géométrale. Diviser ce côté selon le besoin, et de chaque
division mener une convergente à D. Ce moyen peut
servir pour diviser pareillement une surface.

Autre moyen.

Élever sur l'extrémité antérieure de la ligne fuyante
z x (*fig.* 34), la verticale indéfinie *x y;* la diviser en
autant de parties (soit cinq) qu'il peut être nécessaire;
de chaque division mener une convergente au point de
vue; élever *x a* parallèle à *z y*. Couper toutes ces parallèles par la diagonale *z a* (ou par *y x*), chaque point
d'intersection marquera, par l'abaissement d'une verticale, une des divisions perspectives de la ligne *z x*.
On voit que la surface *a x z y* est aussi parfaitement
divisée dans ses deux sens vertical et horizontal, selon
les conditions données.

Ou bien, soit à diviser A C (*fig.* 34 bis) en deux ou en
quatre ou en huit parties. Abaisser à volonté A B, C F;
mener B V; faire l'une des deux diagonales A F ou C B
et la médiane G R : la verticale I O qui passera par le
point d'intersection P, opérera la division en deux parties perspectivement égales. Pour doubler cette division, faire les petites diagonales G I, R O, on aura
deux nouveaux points d'intersection qui donneront les
deux subdivisions cherchées. On voit qu'en appliquant
à chacune le même procédé, on la doublerait, et ainsi
de suite.

XXVII.

L'écartement de deux lignes verticales étant donné géométralement, en placer un grand nombre en perspective, avec un même espacement dans le sens de la profondeur.

Soient les deux lignes données *a b*, *c d* (fig. 35); mener les deux convergentes *b* V, *d* V, qui marqueront les deux côtés perpendiculaires d'un carré *d b e f* que l'on complètera par une diagonale et deux parallèles géométrales. *b e* marquera la distance perspective de *a b* à la verticale *k e*. Cette distance sera égale à celle entre *a b* et *c d*. Prendre le milieu de la hauteur de *a b*, qui sera *o*. Mener les convergentes *a* V, *o* V; élever *e* K, mener par l'intersection de *e k* et de *o* V, la diagonale *b h*; abaisser la troisième verticale *h g*; de *c*, par le même procédé, mener et abaisser *i l*, et ainsi de suite.

En tirant des parallèles horizontales de chacun des points *e g l*, on aura les pieds des deux verticales correspondantes de la seconde rangée, s'il en est besoin.

Ce procédé peut servir également pour multiplier sur une ligne perspective donnée, des divisions dont la première *b e* est seule indiquée. Elever une verticale sur chacun des deux points; diviser la première en deux parties égales; mener de chaque division *o a*, au point évanouissant, une parallèle perspective à la ligne donnée, puis tirer les diagonales comme dans l'exemple précédent.

XXVIII.

Mettre en perspective les lignes fuyantes d'une surface donnée, dont le point évanouissant est inaccessible.

Soit la surface *d c b a* (*fig.* 36). Poser ses divisions sur le côté *a b*. Reproduire ces divisions proportionnellement, au moyen de l'échelle triangulaire de réduction (géométrie, *fig.* 59), sur le côté *d c*, et tirer ses lignes 1, 1' : 2, 2' : 3, 3' qui nécessairement concourront toutes au point évanouissant, quel qu'il soit.

Si c'est sur la ligne fuyante *c b* que la division doit se faire, tirer ensuite la diagonale et abaisser les verticales comme dans la figure 34.

XXIX.

Lorsque deux points évanouissants sont placés en dehors du tableau et inaccessibles, les ramener dans le tableau même.

Soit le rectangle en volet vertical *b d c a* (*fig.* 37), incliné de 45° au plan du tableau, où les points de distance, étant inaccessibles, peuvent être remplacés par d'autres points D donnant moitié de cette distance. Trouver d'abord les lignes évanouissantes *a b'*, *c d'*. Diviser *b a* par ½. (Si l'on n'avait que le tiers de la distance, on diviserait par ⅓, et ainsi du reste). Mener ½ $\frac{D}{2}$ et *b* V : l'intersection *x* marquera le point dirigeant de *a b'* sur D, s'il était dans le plan du tableau. Faire la même opération sur la ligne *d c*. Les deux lignes *d* V et ½ $\frac{D}{2}$ donneront leur point de rencontre *z*, sur lequel doit se diriger *c d'*. On a ainsi les deux côtés fuyants du rectangle perspectif. Pour déterminer le point où ils doivent être coupés, faire a V et $\frac{1}{2}$ $\frac{D'}{2}$; mener bo, qui coupera ab' en b'; de b' abaisser $b'd'$, le rectangle perspectif sera établi. Pour diviser en deux verticalement, faire les deux diagonales ad', $b'c$, ou au moins leur point de rencontre : la verticale qui passera par ce point coupera le rectangle en deux parties perspectivement égales (Prob. III et VII). Pour opérer la division horizontalement, prendre la moitié de $b'd'$ et de ac, et tirer une ligne par les deux points de compas. Si l'on voulait ajouter un autre rectangle semblable à celui-ci, de quelque côté que ce soit, prendre la moitié de ce côté, et procéder comme il est dit aux problèmes IV et IX.

Soit la croix géométrale $abkmvulo$ à mettre en perspective sur l'angle (Prop. 26 et Prob. VI), le côté au étant donné pour arête antérieure. Cette croix étant un composé de cubes, l'application de ce qui vient d'être dit au sujet du rectangle $bdca$ se comprendra d'autant plus aisément.

Pour faciliter certaines opérations, on peut commencer par circonscrire la croix d'un rectangle $cc'c''c'''$. Chercher d'abord les lignes fuyantes du sommet et du pied de la croix. A cet effet, prendre, comme ci-dessus, la moitié de ab et de uv. Mener de ces deux divisions $\frac{1}{2}$ $\frac{D'}{2}$, que l'on coupera par bV en x, et par vV en n. Sur x diriger ab', qui tend nécessairement à D' inaccessible, et par n mener uv', qui sera dans les mêmes conditions. Il faudrait faire les mêmes opérations pour chacune des lignes horizontales qui tendent à s'évanouir à D'; mais on peut les éviter en opérant sur la portion de la ligne $c'''c''$, interceptée entre ⋆1 et ⋆2, autant de divisions qu'en renferme au (1). Chacun de ces ⋆ sera le point dirigeant de chacune de ces divisions vers D'; on aura, de cette manière, $o'k'$ et $l'm'$, sans avoir besoin de les chercher. Pour avoir l'autre face apparente de la tige de la croix, il faut reporter ab en ac, uv en uc', en prendre pareillement la moitié, mener ½$\frac{D}{2}$, cV et $c'V$, pour avoir z et y les points dirigeants de ad et de ue.

Pour avoir la largeur perspective réduite de ab, mener ½$\frac{D}{2}$, la couper par aV; tirer de b, par le point dirigeant p, une évanouissante à D, qui donnera sur ax l'intersection b', d'où l'on abaissera $b'v'$. Mener de b' une horizontale $b'd$, qui sera diagonale d'un carré dont on n'aperçoit que deux côtés da, ab', et donnera de. Pour obtenir la longueur perspective des deux bras de la croix, diviser fh, gi par moitié, faire passer par les deux divisions io', hk'; de leur intersection avec $o'k'$, abaisser $o'l$, km', on aura la longueur de la croisée ou traverse. Pour avoir l'épaisseur du croisillon $o'l'k'f'$, tirer les deux horizontales $o'o''$, $l'l''$, égales à $o'l'$; diviser; mener ½$\frac{D}{2}$, coupé par $o''V$; diriger $o'o$ par r; faire la même opération pour $l'l$; couper or par ½V; de l'intersection o, abaisser ol. On comprend, de reste, qu'en divisant ⋆3⋆4, comme on a divisé ⋆1⋆2, on aura les points dirigeants de toutes les subdivisions de la seconde face de la croix. Ayant, par ce moyen, le point de rencontre de hh' avec de, on a la ligne lh' et sa prolongation de l'autre côté de $b'v'$. L'épaisseur de $gk'm'$ se prend comme celle de l'autre croisillon.

(1) Ces divisions fussent-elles irrégulières, peuvent s'obtenir sans tâtonnements, par le procédé donné au problème.

XXX.

Mettre une ogive en perspective fuyante.

La figure étant donnée *a b c* (*fig*. 38), construire le rectangle *a c e f*, abaisser la verticale *b d*, diviser *a d* en trois parties, ou plus si l'on veut; élever les verticales 1, 1' : 2, 2'. : 3, 3' : 4, 4'. De leur intersection avec l'arc *a b c*, mener des parallèles à *f e*. Mettre en perspective le rectangle avec ses divisions (Prob. XXV et XXVI), et faire passer les arcs par *b* et les intersections 1' 2' 3' 4'.

XXXI.

Mettre une arcade plein-cintre en perspective.

On peut voir, par la figure 39, que les procédés sont semblables à la fois à ceux de la figure précédente et à ceux des *fig*. 26 et 27 (Prob. XIX), relatives à la manière de mettre un cercle en perspective. En effet, une arcade plein-cintre n'est autre chose que la moitié d'un cercle. Seulement, on a ajouté ici deux points de repère supplémentaires par l'addition d'une troisième transversale passant par le centre du rectangle *a c e f*. Le dessinateur dont la main est peu sûre fera bien de multiplier ces points directeurs des courbes, et rien ne l'empêche d'user de ce moyen à l'égard du cercle.

XXXII.

Mettre en perspective une suite d'arceaux parallèles au plan du tableau.

Ayant les divisions des plans fuyants tracées sur la ligne *b* V (Prob. XXVII) comme étant la plus développée, mener de chacune une horizontale à la ligne correspondante *b* V. Diviser l'horizontale *b b'* par le milieu; du point *a*, tirer *a* V, qui marquera par ses intersections avec les horizontales, les centres des divers arceaux.

XXXIII.

Mettre un fronton ou un pignon (ou un toit) en perspective.

Déterminer la fuite et la longueur de la base du triangle *a b c* (*fig.* 41 et 42). La couper en deux parties perspectivement égales (Prob. XXVI), par *b d*. Déterminer par le point de distance D, ou par la fraction (Prob. XXXIII), l'horizon propre où doit s'évanouir le plan incliné du fronton, du pignon ou du toit, ou simplement le point où doit tendre l'arête rampante (1). Mener *a* A ou *c* D', jusqu'à la rencontre de *b d*. De ce point, abaisser *b c* ou *b a*. Toutes les lignes parallèles à *a* A ou *c* D', s'évanouiront nécessairement au même point A ou D' (Prop. 24).

Pour tracer le pignon découpé de la figure 43, dont tous les gradins ont les deux côtés égaux, et dont le plan antérieur s'évanouira conséquemment à D, procéder d'abord pour obtenir le triangle. Elever en *a* la verticale *a e*, rendue égale à la hauteur du pignon par la fuyante *b* V prolongée. Diviser cette ligne *a e* en

(1) Si ce plan est incliné de 45°, c'est-à-dire forme avec son plan opposé un angle droit, il tendra nécessairement au point de distance D'. Si l'angle n'est lui-même que de 45°, dont la moitié est de 22° 30', son côté s'évanouira à $\frac{D}{2}$ (Prob. XXIII). Si l'angle sort de ces deux conditions, il aura un point évanouissant propre.

autant de parties plus une, 4 e, (1) que le pignon doit avoir de gradins ; de ces divisions, mener les convergentes 1 V, 2 V, 3 V, 4 V. De leurs points de rencontre avec a D' et bc, abaisser une perpendiculaire sur la parallèle inférieure. Cette opération et celle qui reste à faire pour obtenir la face géométrale du gradin, sont absolument semblables à celles indiquées plus haut pour la construction perspective d'un escalier. Elles ne diffèrent point si le pignon est vu sur l'angle ou accidentellement ; seulement, la figure, au lieu d'avoir un côté géométral, et un côté évanouissant au point de vue, aura ses deux côtés qui s'évanouiront, dans le premier cas, aux points de distance D et D' (Prob. VI) ; dans le second, à deux points accidentels, tels que ox (*fig.* 16), qu'on obtiendra en suivant le procédé indiqué au problème IX.

XXXIV.

Mettre en perspective un hémicycle.

Soit le demi-cercle naturel donné acb. Mener a V, et b V, qu'on suppose devoir être coupés par l'horizontale $a'b'$, marquant la naissance de l'hémicycle. De o, centre de $a'b'$, mener la diagonale o D, qui donne par son intersection k la profondeur. Tirer l'horizontale kh. Faire l'autre diagonale oh. Couper ok et oh, par n V et p V. Les deux intersections ＊ et les points $a'fb'$ marqueront les cinq points par lesquels le demi-cercle doit passer (*V.* d'ailleurs le Prob. XIX et ses *fig.* 26 et 27.)

Faire les mêmes opérations en sens inverse pour la courbe supérieure.

_____

(1) Egale à la hauteur géométrale du triangle vide obk.

XXXV.

*Mettre une tour ronde, ou tout corps cylindrique
quelconque, en perspective.*

On suppose dans la figure 45 l'absence de place,
au bas du tableau, pour y tracer la figure naturelle, ce
qui oblige de l'établir dans le haut, et l'inaccessibilité
du point de distance, qui met dans la nécessité d'opérer
sur la moitié $\frac{D}{2}$ (Prob. XXIX, *fig.* 37).

Le diamètre du cercle étant donné, *a b*, décrire la
demi-circonférence *a c e d b*. (On peut tracer le cercle
entier si l'espace le permet; mais cela est parfaitement inutile, puisque les résultats, c'est-à-dire la division de la base du carré ou de sa moitié, seront toujours semblables) (1).

Marquer sur la base du demi-cercle *c' e' d'*, abais-
sées de *c e d*, et mener de ces points, ainsi que de *a*
et *b*, les convergentes au point de vue V.

Pour tracer le carré perspectif, chercher la diagonale *a g*, qui doit s'évanouir à D, inaccessible; et dont
on n'a que la moitié $\frac{D}{2}$. Opérer comme dans la figure 37, en prenant la moitié de *a b*, menant *e'* $\frac{D}{2}$ qui
coupera *b* V en *g*; tracer la diagonale *a g*, la pa-

(1) On voit que *c d* sont les deux intersections obtenues par le tracé
des deux diagonales *e' e*, *c d* (Prob. XIX). C'est par un accident dé-
pendant de la position de la figure dans le tableau que *e'*V et *e'*D semblent en être la prolongation, quoiqu'elles en soient indépendantes et
susceptibles de prendre une autre direction, en supposant la figure un
peu plus ou un peu moins sur le côté. Nous faisons ces observations
pour prévenir une confusion qui embarrasserait quelques lecteurs.

rallèle horizontale *g f*, la seconde diagonale *b f*, et le diamètre *ó p*. On obtiendra aussi le centre C, d'où l'on abaissera C A, qui sera l'axe du cylindre et réglera toutes les opérations suivantes. Les points * où les deux diagonales seront coupées par *a* V, *c'* V, *e'* V, *d'* V, *b'* V, sont, avec *e o r p*, ceux par lesquels on doit faire passer le cercle (ou seulement sa demi-circonférence *o e p*, qui doit être visible). De *o e p*, et des deux intersections **, abaisser des verticales qui marqueront les mêmes points sur tous les cercles parallèles qu'on voudra tracer, et dont on obtient la figure perspective par les mêmes procédés.

OBSERVATION IMPORTANTE.

Les personnes peu familières avec la perspective s'effrayent ordinairement de la quantité de lignes qui couvrent les figures; de plus, dans les opérations, elles s'égarent au milieu de ces lignes, qui finissent par ne plus leur offrir qu'une véritable confusion. Nous conseillons à ces personnes de s'éviter ces inconvénients en s'accoutumant à ne tracer que la portion des lignes à peu près indispensables pour la construction de la figure, ou pour obtenir une intersection, en négligeant les prolongements inutiles. Leurs dessins moins surchargés leur paraîtront à la fois plus lisibles et plus propres, et elles seront surprises de la simplicité réelle des opérations qui leur semblent quelquefois compliquées d'une manière très-embarrassante. Mais elles doivent craindre aussi que cette économie, poussée trop loin, n'offre d'autres inconvénients plus graves encore, et entre autres, celui de perdre le fil d'une opération non terminée. Il est nécessaire, pour prévenir ce danger, de toujours bien accentuer chaque partie de cette opération, et de conserver à chaque *ligne* de construction non achevée des espèces de jalons qui servent à faire reconnaître toujours le point vers lequel elles tendent, afin de le retrouver au besoin. Il est encore bien essentiel de ne point se contenter d'*à peu près*; de ne point négliger de bien faire porter la règle sur les deux points qui déterminent la direction d'une ligne; de prendre, avec une stricte précision, les divisions au compas, car une légère déviation, une mesure un peu fautive, peut, de conséquence en conséquence, vicier toute une opération et procurer des figures gauches absolument intolérables. Le surcroît de temps qu'exigeront ces précautions minutieuses, sera toujours moins long que le temps qu'on serait forcé d'employer pour refaire une opération manquée.

ATLAS.

Ne pouvant donner une collection de modèles aussi étendue que nous l'eussions désiré, nous nous sommes efforcé du moins de réunir sous les yeux des personnes que nous avons eu plus spécialement en vue, en composant ce petit traité, un choix de motifs les plus variés et les plus susceptibles d'être consultés, ou même utilisés avec fruit. Ces motifs sont puisés, pour les différentes époques de l'art, aux meilleures sources, et principalement, pour l'antiquité grecque et romaine, dans les vases étrusques de Hamilton, les ruines de Pompéi par Mazois, les bains de Titus et de Livie; pour le moyen-âge, dans les monuments français de Willemin, les cathédrales de Chapuy, les instructions du comité historique des arts et des monuments; pour la Renaissance et les temps postérieurs, dans les loges du Vatican, par Raphaël, dans les beaux ouvrages publiés sur le palais Massimi, par Haudebourt; sur la Villa Pia, par J. Bouchet; sur la chambre dite de Marie de Médicis au Luxembourg, par Dedaux; sur la Sicile, par Hittorf; dans les œuvres de Ducerceau, de Vatteau, de Bernard Picart; et les ornements de Percier Fontaine. Nous avons ajouté à ces emprunts un certain nombre de motifs ou d'ajustements entièrement inédits, recueillis par nous-même, des monuments originaux des diverses époques, de Benvenuto-Cellini, de J. Goujon, et d'autres artistes plus ou moins célèbres. Mais nous n'avons cru devoir sortir nulle part de la réserve que nous commandait la modestie de notre plan.

Cet ouvrage n'est pas destiné aux lauréats de l'Ecole des Beaux-Arts. Il n'a pour but que d'aider les ornementistes de tous genres, qui n'ont eu ni le temps de faire des études complètes, ni les moyens de se procurer de coûteuses collections, peut-être trop ambitieuses d'ailleurs, pour les guider utilement dans d'humbles travaux. En cherchant à nous tenir au niveau de leurs besoins du jour, nous aimons à croire cependant que les artistes chargés de travaux plus importants pourront encore consulter notre cahier avec fruit, à raison des détails ou compositions inédites qu'il renferme. Nous savons que beaucoup de personnes auraient désiré y trouver des décorations toutes faites, pour des meubles, pour des devantures, pour des destinations prévues; nous n'avons pas cru devoir entrer dans cette voie, qui n'est propre qu'à égarer ceux qui la suivent. Ainsi que nous l'avons déjà dit, il ne suffit pas de grandir ou de réduire l'échelle d'un dessin pour l'approprier à une autre destination. Le changement d'échelle peut détruire tout son caractère, et ceux qui ne savent point se rendre compte de ces résultats et de leurs causes, sont tout surpris que ce qui était plein de grâce ou de grandeur dans un endroit, devienne disgracieux ou mesquin dans un autre. Nous avons donc cru mieux servir ceux qui nous consulteront, en ne leur offrant que des motifs servant les uns d'exemples, nous dirions presque de conseils, pour des ajustements et des combinaisons, les autres de répertoire, où l'on peut en sûreté aller emprunter des détails, des fragments, tous avoués par le goût. Mais nous répétons aux personnes peu expérimentées, qu'en fait d'or-

némentation, elles ne sauraient jamais être bien sûres
de l'effet que produiront leurs compositions, si elles se
bornent à consulter les dessins extrêmement réduits
que contiennent les recueils, ou à jeter leurs idées,
également sur une trop petite échelle. Elles feront bien
de les *essayer* sur la place même, s'il est possible,
avant de les exécuter, tout au moins de les tracer
comme étude préparatoire, sur quelque grande page
où le motif puisse prendre le développement nécessaire pour mettre à même de juger, au moins à peu
près, de l'effet que produira l'exécution. Lorsqu'il s'a-
gira d'ornements en coloris, il sera convenable d'indiquer sur ces essais, non par des notes, comme on
ne le fait que trop habituellement, mais par des
teintes ébauchées, les combinaisons de couleurs au
moyen de l'huile ou de l'aquarelle, ou des crayons de
pastel, selon les dimensions de l'étude, ou la nature
du subjectile sur lequel on peut la tracer.

RENVOIS.

Nota. — Les chiffres arabes indiquent les figures, et les chiffres
romains les planches, quoique le graveur n'ait pas observé ces différences.

AMORTISSEMENTS. Couronnement d'une baie, d'un
panneau, etc., encadré ou non : 172, (XXII), 173, 180,
181, XXIII), 198, 202, 204, 215, (XXIV), 217, 230,
231, (XXV). On peut composer des amortissements
avec la partie supérieure ou inférieure d'un grand nom‑
bre des panneaux ou fleurons gravés dans ce recueil.

ARCHITECTURE. C'est une nécessité pour l'ornemen-

tiste de connaître les règles et les formes de l'architecture. Néanmoins, on s'abuserait si l'on pensait que
ces formes et ces règles doivent être rigoureusement
appliquées aux fragments d'architecture, que le décorateur peut introduire dans une composition. Celle
qu'on voit dans les peintures de Pompéi, sur les vitraux et les manuscrits du moyen-âge et de la Renaissance, ainsi que dans les loges de Raphaël, est une
architecture frêle, sans rapports sérieux avec l'architecture réelle, et qui ne saurait presque jamais tenir
debout si on l'exécutait. Toutefois, cette architecture,
aussi, a ses proportions, et tout arbitraires qu'elles
soient, elles ne sauraient être combinées avec quelque vraisemblance et quelque harmonie, que par un
homme qui connaît les autres. L'ignorance ne produit
jamais rien de satisfaisant.

ARMES diverses, antiques et modernes : 79, 83
(XVIII), 101, 110, 123, 127, 126, 131 (XX), 239
(XXVI), 246 (XXVII). — Les nos 79, 101, 127, 246,
représentent des casques grecs qu'il ne faut point confondre avec les casques romains, 83, 131, ni avec le
casque barbare, 110. 130 est une tiare persane. La
hallebarde 126 est postérieure au xvie siècle. Les
armes antiques des *fig.* 264 et 274 (XXIX), les armes
chevaleresques du trophée 265, sont un peu fantastiques.

On trouve très-facilement des armes antiques sur la
colonne trajanne, dont il existe de belles gravures à la
Bibliothèque, sur les statues et les bas-reliefs du
Musée Royal, et dans les recueils de Tischbein, de
Hamilton (*vases étrusques*, etc.). Les armes du moyen-

âge abondent au Musée d'artillerie, au Musée Du Sommerard, chez les marchands d'objets de curiosités, et même chez les mouleurs. Nous n'aurions pu essayer de donner une idée des immenses variétés d'armes connues, sans dépasser, au-delà de toute proportion, le cadre dans lequel nous devions nous renfermer. Les ornementistes feront bien de ne négliger *aucune occasion* de prendre des croquis arrêtés de toutes celles qui leur tomberont sous la main. Nous leur faisons la même recommandation pour tous les meubles, ustensiles, attributs anciens qu'ils rencontreront. A chaque instant, le besoin peut se rencontrer de placer quelqu'une de ces formes dans leurs compositions.

ATTRIBUTS. V. *Armes, Caducées, Corbeilles, Couronnes, Instruments, Lampes, Masques, Vases*, etc., 79 (XVIII), 117, 124, 127 (XX), 193 (XXIII et XXIX en presque totalité), 277, 278, 295 (XXX); *Foudres*, 83 (XVIII), 140, 154 (XXI), 239 (XXVI); *Sablier*, 185 (XXIII); *Thyrses*, 172 (XXII), 174, 193 (XXIII), 209, 214, (XXIV).

— des arts, des sciences, de la justice, des sacrifices, etc., 258, 259, 260, 262, 263, 267, 270, 275 (XXIX); 277, 278, 295, 296 (XXX).

BANDELETTES ou LEMNISQUES. V. *Rubans*.

BATONS ROMPUS, *Grecques*, *Méandres*. Formes extrêmement variées, tantôt simples, tantôt compliquées, tantôt entremêlées de palmettes, de caissons, de rosettes, 12 à 34, 11, 12, 13, 14, 15, 17 (XV), 22, 26 (XVI), 50 (XVII), 79 (XVIII), 92 (XIX), 250 (XXVIII).

Presque toutes ces formes sont grecques. Le moyen-âge a fait beaucoup usage aussi des bâtons rompus autour de ses arcades, en leur imprimant quelquefois un caractère particulier. (*V*. le *Manuel de l'Architecte des monuments religieux*.) Ce genre de décoration s'exécute en peinture, en sculpture, en marqueterie, en mosaïque. Il convient pour une frise, un montant, un encadrement, une bordure, même sur étoffe de tenture ou de vêtement.

BLASON. Les figures et les combinaisons du blason sont assujéties à des règles fixes qu'il n'est pas permis de violer en quoi que ce soit. Aussi, l'on ne saurait mettre une couleur ou un métal pour un autre, ni placer à droite la pièce qui doit être à gauche, ni droite celle qui doit être couchée. (*V*. le *Manuel du Blason*, qui fait partie de l'*Encyclopédie-Roret*, et ci-après *Couleurs, Métaux*.)

BORDURES. Tout dessin courant peut faire une bordure; tels sont: les *bâtons rompus*, les *entrelacs*, les *guirlandes* (*V*. ces mots); tous les dessins à motifs reliés entre eux ou susceptibles de se reproduire périodiquement, 2*b*, l'encadrement noir de la figure 12: 18 (XV), de 23 à 46 (XVI), 47, 49, 50, 54, 55, 56, 58, 59, 60 (XVII), 179, 186 (XXIII), 218 (XXV); les bandes A B C des plafonds 246, 247, 249 (XXVII). Les motifs de bordures connues sont infinis, et ceux des compositions nouvelles inépuisables. — 2 (XV), 47, 49, 50, 54, 55 (XVII), sont tirés des vases grecs dits étrusques; 23, 24, 25, 33, 37 (XVI), 56, 58, 60 (XVII), 179 (XXIII), proviennent de vitraux des XII°

et XIII° siècles; 27, 28, 29 (XVI), 59 (XVII), appartiennent à l'ornementation sculptée des mêmes époques; 44, 45, 46 (XVI), 249 C, (XXVII), tiennent à la Renaissance; 246 A, 247 B, 249, sont de l'époque impériale. Au moyen de ces distinctions, on pourra plus facilement reconnaître le style des autres motifs de ce recueil.

CAISSONS. V. *Palères, Plafonds, Rosaces*. Le caisson est un médaillon creux, à plusieurs côtés égaux ou inégaux entre eux. Il se dessine sur une voussure, sur un plafond (XXVII), (XXVIII). Le plus ordinairement, c'est une rosace qui en occupe le fond. Néanmoins, les figures de ces deux planches font voir plusieurs autres manières de les décorer. On connaît même des édifices où tous les caissons de la voûte sont occupés par des figures ou des groupes.

Les compartiments réguliers de vitraux (hormis ceux à sujets) ou de pavés, sont aussi appelés caissons. *fig.* 12 (XV), 82, 83 (XVIII), 182, 190, 194 (XXIII), 231, 243 (XXVI), peuvent encore être considérés comme des caissons, surtout si on les suppose appliqués sur un plafond. 65, 69, 75, 81 (XVIII), représentent des caissons de cette espèce, exécutés en marquetterie. Toute rosace peut s'encadrer d'un carré, d'un hexagone, d'un octogone, pour composer un caisson.

Le caisson peut se trouver engagé au milieu d'un ornement régulier, montant ou courant, 22, 26 (XVI).

CANDÉLABRES. Il ne s'agit pas du meuble réellement destiné à porter une lumière, mais d'une espèce de pilastre que nos ouvriers appellent encore *chande-lier*, en ayant la forme, et dont l'office en ornement est de supporter une guirlande, ou seulement de servir de milieu à une décoration répétée, 127 (XX), 158, (XXII), 192 (XXIII), 202, 215 (XXIV). Quelquefois, on fait de ces sortes de candélabres ou chandeliers en feuillages ou en culots naissant les uns des autres. Ce motif est très-élégant. 77 (XVIII), 211, 215 (XXIV), 256 (XXVIII).

Cartouche. Médaillon dont le champ est ordinairement convexe, quelquefois concave. On appelle encore ainsi, en terme d'ornement, tout médaillon, quelle que soit sa forme, dont l'entourage est fait ou peint de bois contourné et déchiqueté, ou de lignes courbes irrégulières. On n'en voit guère que de la fin du XVe au commencement du XVIIIe siècle. Les planches XXV et XXX en offrent plusieurs modèles.

Chimères, Dauphins. V. *Griffons, Sphynx.*
Antiques, 121 (XX), 135, 151, 152, 156 (XXI), 168 (XXII), 236 (XXVI).
Romans, 22 (V), 67 (XVIII), 138, 142 (XXI), 161, 166, (XXII), 240, 242 (XXVI).
Gothiques, 139 (XXI).
De la Renaissance et postérieurs, 99 (XIX), 126 (XX), 140, 141, 143, 144, 145, 146, 149, 150, (XXI), 163, 165, 167, 169, 170, 171 (XXII), 189, 192 (XXIII), 204 (XXIV), 223 (XXV), 234, 245 (XXVI), 255 (XXVIII), 266, 271 (XXIX).
L'architecture gothique est très-riche en figures de chimères, qu'elle prodiguait surtout pour les goutières

de ses églises. (V. l'*Archit. des monuments religieux*, faisant partie de l'*Encyclopédie-Roret.*)

Coins. Une des parties souvent les plus difficiles de l'art de l'ornementiste, c'est l'arrangement des coins, principalement lorsqu'il s'agit de motifs continus. On trouvera les moyens de vaincre heureusement ces difficultés en consultant les motifs :

Antique, 12, 18 (XV), 47, 49, 50 (XVII), 92 (XIX).

Renaissance, 44, 46 (XVI), 84, 88 (XIX), 218 (XXV), 249 (XXVII).

Louis XV, 86, 87, 89, 90, 91 (XIX).

Empire ou postérieur, 85 (XIX, 246, 247 (XXVII), 256 (XXVIII), 289, 290, 291 (XXX).

Corbeilles de fleurs ou de fruits. V. *Guirlandes.* — 98 (XIX), 158, 169 (XXII), 188 (XXIII), 211, 214 (XXIV), 216, 223 (XXV), 256 (XXVIII). Quelquefois ce sont des cornes d'abondance qui font l'office de corbeilles, 96, 97 (XIX), 217, 237, 241 (XXVI).

Cornes *d'abondance*, 96, 97 (XIX), 127 (XX), 234, 237, 241 (XXVI).

Coupes antiques, 115, 122 (XX); Renaissance, 116 (XV). Les coupes de tous les âges sont extrêmement variées. Nous avons donné les deux formes que ce mot représente le plus volontiers à l'esprit. On peut aller de la plus grande simplicité à la plus extrême richesse.

Les anciens se servaient aussi pour boire, de cornes dont le bout se terminait quelquefois par une tête de biche, de sanglier ou de bélier, ayant la bouche ouverte, 269 (XXIX). Lorsqu'on se servait de ces coupes appelées rhytons, force était de les vider en entier avant de les remettre sur la table.

COULEURS de blason ou *émaux*. Ces couleurs doivent être fidèlement observées dans la peinture des armoiries. Comme elles ne peuvent être rendues ni en dessin ni par la sculpture, on est convenu de les traduire par les travaux du crayon, du ciseau, de la plume ou du burin. Ainsi le champ bleu ou *azur* se rend par des hachures horizontales; le rouge ou *gueules*, par des hachures verticales; le vert ou *sinople*, par des hachures obliques descendant de droite à gauche; le pourpre, par des hachures obliques, de gauche à droite; le noir ou *sable*, par des hachures verticales et horizontales, croisées et serrées. C'est un pléonasme ridicule que de colorier ensuite réellement les objets ou le champ exécutés de cette manière. (*V.* le *Manuel du Blason*, qui fait partie de l'*Encyclopédie-Roret*, et ci-après *Métaux.*)

COURONNES. L'un des plus gracieux ornements employés dans la décoration, soit isolément, soit combiné avec d'autres motifs de toutes sortes. Se font de rameaux, 105 (XX), 209 (XXIV), ou à feuillage compté régulier, naturel ou imaginaire, 71, 83, (XVIII), 102, 104 (XX), 171 (XXII), 250 (XXVII) (XXVIII);

Ou à feuillage groupé en manière de tore, 79, (XVIII), 85 (XIX), 123 (XX), 140 (XXI), 246, 247 (XXVII);

Ou de fleurs et de graines, ou de fruits mélangés, 147 (XXI); d'étoiles, de perles, etc.

La couronne héraldique peut entrer dans l'ornement comme tout autre objet, 140 (XXI), 165 (XXII),
239 (XXVI).

CouRonne des vainqueurs aux jeux publics, —
olympiques, — d'olivier sauvage; pythiques, — de
chêne vert ou de laurier; isthmiques, — de pin ou
d'ache.

— d'or, récompense d'une bravoure éclatante.

— MURALE, offrant la figure de créneaux, et d'un
mur de ville, se donnait à celui qui avait le premier
escaladé les murs d'une ville assiégée.

— AVEC DES TOURS, se plaçait sur la tête des villes
personnifiées.

— CIVIQUE, — de feuilles de chêne; se donnait au
citoyen qui sauvait la vie à un autre citoyen.

— NAVALE : composée de becs de navires et de
rostres. — C'était la récompense d'une victoire rem-
portée sur mer.

— OBSIDIONALE, décernée à celui qui avait délivré
une ville assiégée ou bloquée : était composée de brins
d'herbe recueillis dans la ville même.

— TRIOMPHALE : deux branches de laurier.

— NUPTIALE : faite de fleurs.

— DES FESTINS : composée de branches et de fleurs,
ou de lierre.

— RADIÉE ou à rayons. Ne se donnait qu'à Apollon;
quelquefois à Bacchus que quelques mythologues prennent aussi pour le Soleil.—Quelques rois d'Orient, dans
l'antiquité, ont pris la couronne radiée; et on la voit

aussi sur la tête de César et de quelques autres empereurs romains.

— FÉODALES de rois, princes, comtes. (*V.* le *Manuel du Blason*, qui fait partie de l'*Encyclopédie-Roret.*) Nous nous bornons à faire remarquer ici que c'est François Ier qui, le premier en France, a adopté la couronne fermée. Jusqu'à lui, celle de nos rois et reines était un cercle orné de pierreries, et surmonté de pointes et de lys ou de fleurons.

— DE FRUITS. Purement décorative, 147 (XXI), 256, (XXVIII).

La couronne antique peut être employée seule, ou avec une patère, un emblème quelconque dans son vide, 79, 83 (XVIII), 85 (XIX), 102, 104, 105, 123 (XX), 246, 247 (XXVII), 257 (XXVIII).

CULS-DE-LAMPE. V. *Fleurons.*

ECOINSONS. (V. *Coins.*) Motif d'ornement destiné à remplir un angle quelconque. C'est dans la composition des écoinsons que se révèle principalement l'habileté du décorateur. C'est quelquefois l'unique champ où il ait à exercer son talent.

Il est assez ordinaire, en architecture, que l'angle formé aux deux côtés d'une arcade, par la rencontre d'un pilastre et de l'architrave, soit occupé, s'il est question d'une porte, par une figure ou même par un trophée ; et aux côtés d'une moindre ouverture, par une couronne, une patère, une rosace. Nous donnons ici un certain nombre de motifs d'ornement à consulter dans les autres cas : 93, 94 (XIX), 168, 170 (XXII),

196, 197, 200, 201, 204, 210, 211, 213, 214 (XXIV),
248, 250 (XXVII), 251, 255, 256 (XXVIII).

ENFANTS (figures d'). Les artistes antiques en firent
un grand usage dans la décoration en bas-relief. Rien
n'est, en effet, plus gracieux que ces petites figures
courant sur une frise, ou se jouant dans des arabesques. Les anciens en plaçaient même sur les sarco-
phages, quelquefois avec les attributs des Dieux;
ils sont alors ailés, et prennent le nom de génies. De
ces génies, l'art, depuis la Renaissance, a fait des
anges; quelquefois il n'a employé que la tête, et alors
l'ange prend le nom de chérubin. Ces représentations
n'appartiennent point à l'art du moyen-âge, qui n'a
jamais peint ou sculpté les anges que sous l'apparence
de jeunes hommes vêtus du costume des clercs. Elles
ne sont pas plus conformes au texte des livres saints.
Si la mode les a admises dans la direction des églises
modernes, il faut du moins se garder de les introduire
dans celle d'une église, d'une chapelle, d'un autel,
d'une tombe, d'un mausolée gothique.

ENTRELACS, MÉANDRES en bordures ou en fleurons.
L'art s'est amusé, à toutes les époques, à ces capricieu-
ses combinaisons qui occupent agréablement l'attention du spectateur. Les bâtons, les rubans, sont les
éléments de ces compositions. Nous en donnons un
certain nombre dans les figures 5, 6, 7, 8, 9, 10, 11,
12, 16, 17, 18, 19, 20, 21 (XV), 22, 26, 41 (XVI),
74, 75 (XVIII), 92 (XIX), 233 (XXVI), 297 (XXX).
(V. *Bâtons rompus*.)

Il se plaît quelquefois aussi à imiter ces jeux avec

des rinceaux, des serpents et autres animaux fantastiques dont la souplesse se prête à des mouvements contournés. 61, 62, 63 (XVII), 67, 72, 74 (XVIII), 84,
85, 94 (XIX), 157 (XXII), 175, 179 (XXIII), 199
(XXIV), 219, 225 (XXV), 237, 240, 242, 243, 244
(XXVI).

FIGURES ANIMÉES. Les combinaisons de la figure humaine dans l'ornementation varient jusqu'à l'infini,
soit qu'elle se mêle à la décoration végétale, soit qu'elle
en soit distincte. Les ressources du décorateur sont
encore bien plus nombreuses, s'il recourt aux animaux
pour donner de la vie à ses compositions, puisqu'il
peut mettre tout l'univers zoologique à contribution.

La figure humaine s'emploie dans les *formes naturelles*, comme on le voit sous les nos 28 (XVI), 78
(XVIII), 85 (XIX), 116, 127 (XX), 135 (XXI), 165
(XXII), 202, 205, 211 (XXIV), 216, 223, 232 (XXV),
233, 234, 235, 239 (XXVI), 256 (XXX).

Et sous la *forme arabesque*, ainsi que le montrent
les nos 172 (XXII), 188 (XXIII), 216 (XXV), 234
(XXVI), 255 (XXVIII). (V. *Chimères*.)

L'ornementiste fait avec bonheur un fréquent emploi des *têtes*, ou *masques*, comme sujet principal,
comme accessoire, comme support, comme remplissage, comme motif isolé. 26, 35, 45, 46 (XVI), 77,
79 (XVIII), 96, 97, 98 (XIX), 109, 127 (XX), 158,
166 (XXII), 174, 183, 194 (XXIII), 205, 206, 207,
209, 214 (XXIV), 216, 218, 219, 221, 222, 223, 228,
230, 231, 232 (XXV), 233, 242, 244 (XXVI), 251
(XXVIII), 258, 259, 271 (XXIX), 277, 278 (XXX).

Les *figures d'animaux* s'emploient de même que la

figure humaine à *l'état naturel*, en *figures d'arabesques*, ou seulement pour la *tête* ou le *masque*. (*V.* aussi
Chimères.) 102, 103, 113, 116, 117, 123, 124, 126,
127, 130 (XX), 133, 134, 136, 137, 140, 147, 148,
153, 154, 155 (XXI), 157, 158, 160, 162, 164, 164
bis, 168, 171 (XXII), 184, 188, 190, 193 (XXIII),
209, 211 (XXIV), 223, 227 (XXV), 234, 241, 242
(XXVI), 246, 250 (XXVII), 256 (XXVIII), 264,
269, 275 (XXIX).

FIGURES FANTASTIQUES. V. *Chimères.*

FLEURONS D'ORNEMENT, CULS-DE-LAMPE. Motif de
forme régulière ou quasi-régulière, non enfermé dans
un caisson ou cadre, composé quelquefois de plusieurs
parties symétriques, d'autres fois d'un seul objet, qu'on
emploie isolément. Le motif qui décore les caissons
de la figure 12 (XV), le groupe *a* de la figure 18 pris
à part ; les figures 48, 52, 57 (XVII) ; 72, 73, 74, et
même la figure 78, isolée comme on la voit ici (XVIII),
212 (XXIV), sont proprement des fleurons. 67
(XVIII), 93, 94 (XIX), et même les deux écoinsons
de 86 et de 89, redressés verticalement, les ornements
des petits panneaux du soubassement, 127 (XX), 157,
160, 171 (XXII), 173, 174, 177, 178, 180, 181, 182,
183, 184, 191, 193 (XXIII), 195, 196, 197, 199,
200, 201, 210 (XXIV), 221, 232 (XXV), 236, 240,
243 (XXVI); toutes les figures de la planche XXIX,
moins 271, 277, 278, 279, 280, 281, 282, 283, 284,
285, 286, 287, 293, 294, 295, 296 (XXX), sont aussi
ou peuvent devenir des fleurons : quelques-uns, en se
dépouillant du cadre qui les circonscrit, quelques

autres en changeant leur axe incliné en axe vertical, d'autres enfin, en conservant une minime proportion.

Il est enfin beaucoup de fragments qui peuvent être détachés d'un groupe plus considérable, pour en faire des fleurons. Les motifs qui ont été donnés, peuvent suffire d'ailleurs pour guider le décorateur dans la composition d'une infinité d'autres ornements de ce genre, en observant que le fleuron doit toujours être complet, et ne jamais paraître attendre ni suite, ni accompagnement.

GRIFFONS. C'est une espèce de chimère particulière, dont les rudiments sont invariablement une tête, un cou et des ailes d'aigle, un corps de lion ou de léopard. 152, 156 (XXI), 170 (XXII), 92 (XXIII).

GUIRLANDES de feuillages, de fleurs, de fruits, ou à part, ou mêlés de perles, de pierreries, etc. Elles sont pendantes ou relevées. 99 (XIX), 103, 127 (XX), 171, 172 (XXII), 192 (XXIII), 207, 209, 213 (XXIV), 216, 222, 232 (XXV), 237, 238, 239, 241, 244 (XXVI), 246, 247, 249 (XXVII), 275 (XXIX).

GUIRLANDES D'ÉTOFFES, LAMBREQUINS. On en voit très-fréquemment dans les arabesques de la Renaissance, et dans ceux qui l'ont imitée. Quelquefois les draperies forment, au-dessous d'un masque, une espèce de barbe ou plutôt de serviette ; d'autres fois elles pendent en véritables guirlandes. 98 (XIX), 205, 211, 214 (XXIV), 221, 223, 231, 232 (XXV), 256 (XXVIII). V. *Bandelettes,*

INSTRUMENTS DE MUSIQUE. 122, 132 (XX), 143, 144 (XXI), 236, 238, 239 (XXVI), 258, 259, 261, 268

(XXIX). Le *Manuel d'Archéologie* (de l'*Encyclopédie-Roret*) en renferme beaucoup d'autres très-variés.

LAMPADAIRES, LAMPES. 109, 113, 121 (XX). La collection du Musée royal offre une grande quantité de modèles de lampes antiques provenant d'Herculanum et de Pompéï.

MARQUETTERIE, GROSSE MOSAÏQUE, ORNEMENTS ÉTRUSQUES, exécutés en couleur plate, par un procédé quelconque, sur un fond d'une autre couleur, 1, 2, 12, 14; et tous les autres motifs de la Planche 15, à volonté, en observant, pour faire sentir les croisements lorsqu'on ne fait pas usage de filets, les interruptions indiquées par la figure 75 (XVIII). La presque totalité des figures de la Planche XVI; 47, 49, 50, 51, 52, 54, 55, 57 (XVII), 65, 66, 68, 69, 70, 71, 72, 73, 74, 75, 76, 81 (XVIII), 92, 94 (XIX), 179, 186 (XXIII), 199, 210 (XXIV), 299, 300 (XXX), etc., peuvent être exécutées en imitation de mosaïque, ou de marquetterie, à une ou plusieurs teintes.

Lorsqu'on veut exécuter de cette manière des figures ou d'autres objets qui exigent des détails dans l'intérieur du plein, ces détails doivent toujours être marqués par de simples traits de la même couleur que le fond.

MASQUES. V. *Figures animées.*

MÉANDRES. V. *Entrelacs.*

MÉDAILLONS. V. *Cartouches, Panneaux, Patères.* Un médaillon est susceptible de prendre la forme circulaire et celle de tout polygone régulier, sans excepter le triangle.

MÉTAUX. En terme de blason, ces métaux sont l'or et l'argent ; lorsqu'on ne peut employer ni l'un ni l'autre, comme dans un dessin au crayon ou à la plume, ou une sculpture, l'or s'indique par un pointillé, et l'argent par l'absence de tout travail. V. *Couleurs*, et, pour plus de détails, le *Manuel du Blason*, de l'*Encyclopédie-Roret*.

MEUBLES. 111, 128 (XX). V. *Candélabres, Coupes, Instruments, Lampes, Vases*.

MONTANTS. V. *Pilastres*.

MOSAÏQUE (Grosse). V. *Marquetterie*.

PALMETTES. Un des motifs les plus agréables et les plus multipliés dans la décoration antique ; inusité dans la décoration gothique, qui ne connaît que les figures géométriques et un choix de feuillages particuliers pour les moulures. (V. le *Manuel de l'Architecte des monuments religieux*, qui fait partie de l'*Encyclopédie-Roret*.)

PALMETTES GRECQUES. 1, 2, 3 (XV), 30, 32, 34, 42, 44, 45, 46 (XVI), 47, 49, 50, 51, 53, 54, 55, 57 (XVII), 111 (XX), 172, (XXII), etc.

PALMETTES ROMANES. 59, 60, 61, 62, 63, 64 (XVII), 65, 67 (XVIII), 157, 159, 161 (XXII).

PALMES naturelles, ou plus ou moins arrangées. 85 (XIX), 230 (XXV), 257 (XXVIII).

PANNEAU. En décoration, toute surface encadrée par une moulure, un filet formant subdivision d'une manière quelconque, et dont le champ est parallèle à celui de la surface dans laquelle il est tracé. S'il est en creux profond, il prend souvent le nom de *cais-*

son; s'il est bombé ou convexe, celui de *cartouche.*
(*Voyez* ces deux mots.)

Un mur, un lambris, un ventail, peuvent être divisés en plusieurs panneaux, ou n'en former qu'un, parce que chacun de ces membres est lui-même une division. Un panneau n'a donc point de proportions obligées.

Nous donnons ici un assez grand nombre de panneaux ou de motifs pouvant être convertis en panneaux au moyen de la seule addition d'un encadrement, pour servir de modèles ou de guides, selon les différents besoins qui peuvent-se présenter : 72, 74, 77, 78, 79, 83 (XVIII), 127 (XX), 158, 164, 164 *bis*, 169 (XXI), 182, 185, 187, 188, 190, 192, 194 (XXIII), 203, 206, 207, 208, 209, 211 (XXIV), 216, 217, 219, 225, 235, 229, 232 (XXV), 236, 237, 241, 242, 245 (XXVI), 250 (XXVII). Chacune des trois subdivisions de la figure 253 (XXVIII), qui n'est elle-même qu'un fragment d'un plafond circulaire, est un panneau.

On comprend que tous les *montants* ou faces de pilastres (*V.* ces deux mots), peuvent être rangés dans la classe des panneaux.

PATÈRES. La patère est la coupe antique évasée, 115, 116 (XX). Ce qu'on désigne sous ce nom, en terme de décoration, est proprement la face supérieure, ordinairement ornée comme tout le reste. Cette ornementation représente quelquefois un sujet à figures humaines ou d'animaux ; mais, plus communément, c'est une rosace ou quelque ajustement varié de forme circulaire. On appelle donc généralement patère, tout médaillon rond dont le champ est plus enfoncé que le bord, de quelque manière que celui-ci soit fait, et quelle que soit la décoration qu'il renferme, lorsque sa dimension naturelle ne paraît pas pouvoir excéder proportionnellement le diamètre d'une coupe. On voit même de ces patères décoratives dont le champ est en saillie. Quand les dimensions s'accroissent, l'objet devient un *médaillon*, un *écu*, un *bouclier*. Les médaillons ne doivent contenir que des objets naturels, un buste, une corbeille ; le bouclier se décore *ad libitum*, principalement de sujets ou d'attributs de guerre, de noms de victoires. Il peut cependant, ainsi que la Renaissance en offre de nombreux exemples qu'on reproduit depuis quelque temps jusqu'à l'abus, offrir une tête qui s'en détache en plein relief. Quelque grande que soit la patère, elle ne perd point son nom toutes les fois qu'elle se creuse en coupe, et s'orne de godrons ou de petits canaux rayonnants.

La patère convient pour une infinité d'emplois dont nous indiquons quelques-uns aux figures 26, 28, 35 (XVI), 76, 78, 82 (XVIII), 85 (XIX), 161 (XXII), 181, 182, 183 (XXIII), 147 (XXI), 247, 249, 250 (XXVII), 254, 256 (XXVIII), 299 et 300 (XXX) exécutés en petites dimensions seront des patères.

Le centre de 79 (XVIII), celui du coin de 85 (XIX), les figures 138, 142 (XXI), les cercles de 209, 211 (XXII), etc., sont des médaillons (*Voyez* ce mot). — Le centre de 246 (XXVII) est un caisson, etc.

PILASTRES ou *Montants*. De 4 à 11 (XV), 22, 26, 33, 37 (XVI), et à volonté, tous les motifs courants de cette planche ; 23, 25, 30, 32, 34, 36, etc., 179, 186, qui peuvent se répéter autant de fois qu'on voudra; 216, 225 (XXV), 233, 234, 235, 238, 230, 244 (XXVI).

PLAFONDS. Toute espèce de panneau peut se poser en plafond et suffire quelquefois, moyennant l'addition supplémentaire d'un encadrement, de moulures, et au besoin d'une bordure formant frise entre deux moulures.

Nous donnons quelques exemples de la composition de grands plafonds sous les numéros 246, 247, 248, 249, 250 (XXVII), 251, 252, 253, 254, 255, 256 (XXVIII).

POSTE. On appelle ainsi toute décoration courante, sans discontinuité, et principalement celles numérotées 31, 35, 38, 41 (XVI), 55, 58 (XVII), 224 (XXVI), et aux figures 246, 247, 248 (XXVII), 254, 255 (XXVIII).

ROSACES, ROSETTES, QUATRE-FEUILLES. La rosace entre dans tous les genres et dans tous les styles de décoration; le gothique lui-même en fait quelquefois usage. (V. le *Manuel de l'Architecte des monuments religieux*, qui fait partie de l'*Encyclopédie-Roret*.) Elle sert à orner le fond d'un caisson, d'une patère, à former le bouton d'une volute. La rosette et le quatre-feuilles sont de petites rosaces.

Nous donnons quelques formes et quelques exemples d'emploi de ces jolis motifs d'ornement : 12 (XV), 22, 24, 26, 35, 38, 41, 42 (XVI), 65, 66, 68, 69, 70, 71, 76, 80, 82 (XVIII), 176, 182, 183, 185, 186, 187, 192 (XXIII), 236, 243 (XXVI), 247, 249

(XXVII), 251, 253, 254, 256 (XXVIII), 299, 300 (XXX).

RUBANS, BANDELETTES. Servent à nouer une couronne, à rattacher une guirlande, à lier ensemble plusieurs objets. 102, 104, 105, 127 (XX), 140 (XXI), 171, 172 (XXII), 192 (XXIII), 209 (XXIV), 238, 239 (XXVI), 246, 247 (XXVII) ; ou s'ajustent quelquefois avec eux-mêmes, 9, 16, 20, 21 (XV) ; ou s'enroulent autour d'un autre motif, 249 (XXVII) ; on les emploie pour collier, ceinture, remplissage, 163, 169, 171.

SPHYNX. Lion ayant pour la partie antérieure un corps de femme. Quelquefois même, lorsque l'animal est couché, des bras de femme tiennent lieu des jambes de devant.

TORE. Considéré comme moulure. Voir pour sa décoration, les *Manuels d'Architecture, de l'Architecte des monuments religieux, d'Archéologie*, qui font partie de l'*Encyclopédie-Roret*.

Considéré comme moulure d'encadrement, il se compose ordinairement de feuillages, de fleurs, de fruits, comme la couronne et la guirlande, 43 (XVI), 246 (XXVII).

URNES, VASES, LACRIMATOIRES. Le nombre de leurs formes est infini ; nous n'en avons donné que quelques-unes des plus variées. 78 (XVIII), 99 (XIX), 100, 106, 107, 108, 112, 114, 118, 119, 120, 125 (XX), 181 (XXIII), 233, 234, 238, 241 (XXVI), 247 (XXVII). Les deux *Manuels d'Archéologie et du Porcelainier*, de l'*Encyclopédie-Roret*, en contiennent une collection assez considérable.

FIN.

TABLE

DES MATIÈRES.

—

PREMIÈRE PARTIE.

DE LA LETTRE.

DEUXIÈME PARTIE.

DE L'ORNEMENTATION.

PROBLÈMES.

FIN DE LA TABLE.

—

ERRATA.

Page 43, ligne 15 : titres et autres caractères analogues, *lisez* : et autres pièces analogues.

Page 61, ligne 19, *au lieu de* : l'r, *lisez* : l'n.

Page 66, ligne 23, *au lieu de* : Foster, *lisez* : Forster.

Page 137, ligne 14 et 15 : (*Cœnatorium*), lisez : (*Cœnaculum.*)

Page 159, ligne 26 : AC, ab, ab, DB, *lisez* : AC, ad, ab, DB.

BAR-SUR-SEINE. — IMP. DE SAILLARD.

www.ingramcontent.com/pod-product-compliance
Lightning Source LLC
Chambersburg PA
CBHW071635200326
41519CB00012BA/2310